WIDMUNG

Ich widme dieses Buch all den Träumern, die weiterhin fest daran glauben, diesen Planeten zu einem besseren Platz für alle Menschen machen zu können.

All den Verrückten und jenen, die scheinbar nirgendwo hineinpassen wollen.

Den Piraten und Eroberern, egal ob laut oder leise.

Den seltenen Menschen, die auf Liebe und Vernunft mehr geben als auf das Befolgen von Regeln.

Dieses Buch sei all denen gewidmet, die jeden Morgen aufstehen und sich nützlich machen.

Die tun, was getan werden muss.

Und denen kein Weg zu weit ist, um neues Wissen zu erlangen.

Euch allen sei dieses Buch gewidmet in tiefer Anerkennung dessen, was Ihr täglich leistet, um diesen verrückten Planeten trotz allem voranzubringen.

Seid gewiss, dass Eure Leistungen dringender denn je gebraucht werden.

Auch wenn Eure Umgebung oft den Kopf schüttelt.

Nehmt es einfach als Zeichen dafür, auf dem richtigen Weg zu sein.

Danke, dass es Euch gibt!

Originalausgabe – 1. Auflage
ISBN: 978-3946865-15-5
Copyright © 2024 Highline Verlag GmbH, Reichshof

Autor: Boris Thomas
Projektmanagement & Redaktionelle Mitarbeit: Dr. Judith Hoffrichter
Lektorat, Korrektorat: Kim Dahlke, Johanna Konertz, Tobias Schwaibold
Umschlaggestaltung, Layout: Kerstin Möller

Satz: PER MEDIEN & MARKETING GmbH
Cover-Foto: Markus Bronold
Bildnachweise:
Illustration von Boris Thomas (Seite 9): Philipp von Ketteler
Foto von Chuck Spezzano (Seite 13): privat
Fotocollage von Boris Thomas (Seite 25): Fotos privat
Foto von Sven Jánszky (Seite 75 und 179): Roman Walczyna
Foto von Martin Limbeck (Seite 83 und 177): Frank Peinemann
Foto von Boris Thomas (Seite 95): Georg Krewenka
Foto von Rayk Hahne (Seite 98 und 178): Saskia Wegner
Foto von Alexander Christiani (Seite 104 und 176): Nadia Christiani
Foto von Boris Thomas (Seite 109): Markus Bronold
Foto von Matthias Beck (Seite 110 und 178): Paul Hoffmann
Foto von Nathalie Sameli (Seite 117 und 178): Nadia Christiani
Foto von Susanne Ernst (Seite 133 und 179): Claudio Protpapa
Foto von Kerstin Scherer (Seite 149 und 177): Rechte bei der Scherer GmbH & Co. KG
Foto von Janis McDavid (Seite 154 und 176): Katy Otto
Foto von Prof. Dr. med. János Winkler (Seite 161 und 177): Catrin-Anja Eichinger
Foto von Boris Thomas (Seite 164): Markus Bronold
Foto von Boris Thomas (Seite 181): Nadia Christiani
Foto von Boris Thomas (Seite 183): Nadia Christiani
Foto von Boris Thomas (Seite 185): Markus Bronold
Foto von Lattoflex (Seite 188): Lebenshilfe Bremervörde

Printed in Europe

Bibliografische Information der Deutschen Nationalbibliothek
Die Deutsche Nationalbibliothek verzeichnet diese Publikation in der Deutschen
Nationalbibliografie; detaillierte bibliografische Daten sind im Internet über
http://dnb.d-nb.de abrufbar.

Weitere Infos unter:
www.boristhomas.de
www.highline-verlag.de

TRUST –
DIE VERTRAUENSREVOLUTION

WIE ERFOLG UND INNERE ERFÜLLUNG
AUF ALLEN EBENEN WIEDER MÖGLICH WERDEN

BORIS THOMAS

INHALT

HERZLICH WILLKOMMEN

Vor mehr als 20 Jahren saß ich in einem Wochenendworkshop in Frankfurt. Das Thema: »Glückliche Beziehungen – sind sie überhaupt möglich?«, geleitet von einem Mann im Hawaiihemd, der seine tiefgehende Arbeit mit Menschen durch seine herzlichen Anekdoten, deftigen Witze und echte Nahbarkeit anreicherte. Sein Name: Dr. Chuck Spezzano, mit dem mich seither eine enge Freundschaft verbindet. Erst kürzlich saß ich mit ihm in einem Restaurant in Hamburg und wir sprachen über unsere Steakteller hinweg von den Fragen, die mich beschäftigten: Wo in der Welt ist heute noch echtes Vertrauen spürbar? Ist es nicht die Voraussetzung für jede Form von Beziehung? Auch gesellschaftlich und wirtschaftlich? Spüren wir nicht alle die Sehnsucht nach einer Welt, in der Vertrauen herrscht? Über dieses Thema wollte ich mein drittes Buch schreiben – und ich wünschte mir, dass er das Vorwort dazu verfasste. Und Wünsche werden manchmal wahr!

Vielen Dank, lieber Chuck, für deine Begeisterung, für deine Freundschaft und für deinen Beitrag zu diesem Buch. Lass uns weiterhin viele Steaks essen und schlechte Witze austauschen.

 Übrigens: Mit diesem QR-Code kannst Du das Originalvorwort von Chuck Spezzano herunterladen und seinen Worten lauschen.

VORWORT VON
CHUCK SPEZZANO

Es heißt: »Ohne Vision gehen die Menschen zugrunde.« In diesen beunruhigenden Zeiten ist es also an allen vertrauensvollen Menschen, eine positive Zukunftsvision in die Welt zu bringen. Uns nicht von Angst leiten zu lassen, nicht die Hoffnung zu verlieren oder gar dem Burn-out zum Opfer zu fallen: Das ist entscheidend.

Für die meisten Menschen ist die Welt nicht so, wie wir sie uns wünschen wür-den. Wir versuchen daher, die Welt als solche in unser Bild von dem zu zwängen, was wir als sicher und erfüllend empfinden. Wir verkennen dabei, dass der größte Fehler in unseren Beziehungen zueinander (und somit in der Welt) darin besteht, andere Menschen zu einem Bestandteil unserer Erwartungshaltungen zu machen. Wir wollen dabei nicht sehen, dass Erwartungen bloße Forderungen sind, die aus unseren bestehenden Anhaftungen und unerfüllten Bedürfnissen ersteigen. Sie verleiten uns dazu, dass wir uns berechtigt fühlen, Forderungen auszusprechen. Und wenn die Dinge nicht so laufen, wie wir sie gerne hätten, dann verurteilen wir sie. Gebrochene Herzen und geplatzte Träume sind das Ergebnis. Wir beschweren uns, wir protestieren gegen das, was ist. Was wir nicht akzeptieren können, das verurteilen wir. Das beschert uns nur Schmerz und Enttäuschung und gestaltet eine schmerzliche Umgebung für unsere Mitmenschen. Dieser Zustand wiederum bringt uns dazu, entweder anzugreifen oder aufgeben; beides verstärkt jedoch den Schmerz nur noch. Wir versuchen beständig, die Menschen und die Welt zu dem zu machen, was wir gerne hätten.

Vertrauen und Zutrauen könnten uns jedoch solcherart transformieren, dass wir uns stattdessen auf all das einlassen können, was sich in der Gegenwart entfaltet; Intimität und Flow könnten dann ein ganz neues Level in unseren Leben erreichen. Ohne Vertrauen herrscht einzig und allein Angst. Doch in jedem einzelnen Moment können wir die Entscheidung neu treffen – für Vertrauen oder für Angst, für Wahrheit oder Täuschung, für Himmel oder Hölle.

Wenn Du Angst oder Schmerz verspürst, dann zeigt Dir diese Empfindung, dass Du irgendwo Dein Vertrauen verloren und einen Fehler begangen hast. Deine Sorge, Dein Stress und Dein Schmerz – sie alle zeigen Dir, dass Du einen Fehler gemacht hast. Es gibt eine viel bessere Alternative; eine, die Verbindung schafft. Nicht nur innerhalb Deines Geistes, sondern auch zwischen Dir und anderen Menschen.

Vertraust Du Deinem Partner, Deinen Kindern, Dir selbst, Deiner Arbeit und der Welt? Ohne Vertrauen gibt es keine Liebe (Ein Kurs in Wundern, 1994).

Jede Vision setzt Vertrauen voraus; sie lädt Dich dazu ein, Dich zu öffnen, damit Du die schöpferische Kraft empfangen kannst. Du bist dazu aufgerufen, Dich zu öffnen, um diejenige Inspiration empfangen zu können, die Dir einen besseren Weg aufzeigt. Dort, wo kein Weg erkennbar zu sein scheint, zeigt Dir das Vertrauen einen Pfad. Dort, wo Illusion und Verblendung herrschen, schafft Vertrauen die Klarheit. Vertrauen segnet Dich, wo anderes Dich besorgt. Es ist großzügig, anstatt zu urteilen. Es ist verspielt, und nicht kontrolliert. Es ist frei, und nicht gefangen. Und es ist friedfertig – egal, was passiert.

Wir leben in Zeiten des Wandels. Es ist eine Zeit der Richtungsentscheidungen. Wir entscheiden uns jetzt für Frieden und Wohlstand oder für Konflikt und Dunkelheit. Das Vertrauen bildet den Dreh- und Angelpunkt dieser Entscheidung. Jetzt wird entschieden, wie sich die nächsten tausend Jahre gestalten werden. Von uns allen wird bestimmt, wohin sich die Welt bewegt, denn alle geistigen Wesen sind Teil des großen Ganzen. Möchtest Du Überfluss oder Mangel? Gier oder Gemeinwohl? Korruption oder Wahrheit? Spürst Du genug Vertrauen in Dir selbst, um das Gebot der Stunde zu vernehmen? Genug, um Dich diesem Ruf voll und ganz hinzugeben? Der Weg mag vielleicht nicht leicht sein, aber indem Du ihn gehst, lernst Du eine wertvolle Lektion, die Dich schließlich wachsen und gedeihen lassen wird.

Vertrauen führt sowohl zu Frieden als auch zu Macht. Vertrauen schafft Gemeinsamkeiten, die uns Konflikte überbrücken lassen. Alle Verletzungen entstehen im Kern durch Vereinzelung. Sie entstehen, wenn wir nicht zusammenrücken und gemeinsam vorangehen. Probleme ersteigen, wenn wir uns genau dann zurückziehen und verstecken, wenn wir eigentlich vertrauen sollten.

Vertrauen heilt unsere alten Wunden, indem es uns dabei hilft, ein neues Kapitel aufzuschlagen. Es hilft uns, gegenwärtige Widerstände und zukünftige Ängste mit Ruhe und Zuversicht zu überwinden. Vertrauen schenkt uns Frieden. Es hält das innere Auge des Bewusstseins offen für alles, was um uns herum ist – auch für den Weg nach vorn. Mithilfe des Vertrauens kann sich ein Moment auf geradezu paradoxe Art und Weise entfalten: Was gerade noch ein Problem zu sein schien, wird mit Shakespeares Worten zu: »Ende gut, alles gut.«

Vertrauen bedeutet, nichts beweisen zu müssen. Es ist Zeitverschwendung, etwas beweisen zu wollen – denn in dem Versuch zeigt sich Dein Mangel an Vertrauen. Wenn Du misstraust, verstellst Du Dir selbst die Möglichkeit, zu empfangen. Etwas zu beweisen versuchen, das ist vergebene Liebesmühe. Es verschwendet Zeit. Vertrauen bedeutet, dass Du Dir selbst vertraust. Und das bedeutet, dass Du keine Rolle spielen oder versuchen musst, auch nur irgendeinen Mangel auszugleichen. Vertrauen führt Dich zu der Wahrheit, die Dich und Deine Partnerschaft trägt. Das Vertrauen erkennt eine höhere Macht an, auf die wir uns immer verlassen können.

Wir sind auf der Welt, um unser Bewusstsein durch Heilung, durch Lernen und Verlernen zu erweitern. Das bringt uns voran und gibt uns den Mut, all die Gnade zu empfangen, die im Leben allgegenwärtig ist. Genau dann, wenn die Nacht am dunkelsten ist, bist Du aufgerufen, gemeinsam mit dem Sonnenaufgang dem neuen Tag zum Licht zu verhelfen. Genau dann ist Vertrauen das höchste Gut. Dein schöpferischer Geist hat einen Plan. Und wenn Du ihm vertraust, wird er den Weg für eine neue Art der Verbindung bereiten; eine Verbindung, die Dich und die Welt zur Erfüllung führt.

Es ist mir also eine große Freude, die einleitenden Worte dieses Buches von Boris Thomas formulieren zu dürfen. Er ist eine unternehmerische Führungspersönlichkeit, die den Blick über den Tellerrand des eigenen Erfolges schweifen lässt. Er betrachtet den Erfolg des Unternehmertums im Allgemeinen, in Zeiten, in denen nur wenige das Vertrauen haben, voranzugehen. Er hat den Mut, für die Vision selbst zu werben und der Tatsache ins Auge zu sehen, dass es an den Unternehmern ist, der Welt in diesem Jahrtausend den Weg zu weisen. Er schreibt damit über ein Anliegen, das für die kommenden Zeiten von entscheidender Bedeutung ist.

Ich empfehle Dir die Lektüre dieses Buches sehr.

Dr. Chuck Spezzano, Ph.D.
August 2023, Hawaii

EINLEITUNG

»Vertrauen und Achtung, das sind die beiden unzertrennlichen Grundpfeiler der Liebe, ohne welche sie nicht bestehen kann, denn ohne Achtung hat die Liebe keinen Wert und ohne Vertrauen keine Freude.«

(Heinrich von Kleist; Heinrich-von-Kleist-Portal, o. D.)

Neugierig und etwas gedankenverloren schlenderte ich über die Hannover Messe. Wohin ich mich auf meinem Weg auch wandte: Überall sprangen mir die Wörter »Transformation« und »Innovation« entgegen; auf unzähligen Bildschirmen, Plakaten und Aufstellern waren sie zu lesen. »Das sind nur Worte, so schillernd sie auch daherkommen«, dachte ich zunächst. Doch dann packte mich etwas. Ich ließ mich tiefer in meine Gedanken fallen: Diese Worte sind bedeutungsschwer, aber inzwischen nehmen wir sie nur noch als Floskeln wahr – und nicht mehr als großartige Versprechen für die Zukunft. Sie werden inflationär benutzt; genauso wie die Worte »Gerechtigkeit« oder »Aufbruch«. Im Gewusel der riesigen Messe begann ich zu grübeln. Ob man nun ein Unternehmen führt, Spitzenpolitiker oder Erfinder ist: Jeder, der tiefgreifend in der Welt wirken möchte, muss seine Worte so wählen, dass sie glaubwürdig, ehrlich und vertrauensvoll sind. Worte müssen unser Vertrauen wert sein. Wieso sollten Menschen ständig allem und jedem vertrauen, wo Vertrauen doch eines der kostbarsten Geschenke ist, die wir zu vergeben haben? Und: War ich ein Geschäftsführer, der zu Vertrauen und zu Innovation inspirierte?

Vor einiger Zeit suchten wir in meinem Unternehmen »Lattoflex« nach neuen Wegen, Produktideen und Verbesserungsvorschlägen, um unsere firmeninternen Abläufe bestmöglich »einfangen« zu können – schließlich liegt darin der Schlüssel für Innovation und Weiterentwicklung. Ein Teamleiter, auf den ich große Stücke halte, sagte schließlich: »Boris, wenn wir auf einer rein intellektuellen Ebene die Prämisse ausgeben, dass wir alle mutiger sein sollten, dann klappt das nicht! Stattdessen sollten die Leute in der Firma spüren, dass sie sich in einer wertschätzenden und vertrauenswürdigen Atmosphäre befinden. Denn wenn sie nur darum bemüht sind, sich gegenüber den anderen Leuten im Team keine Blöße zu geben, fällt jegliche Innovation einfach hinten runter, meinst Du nicht?« Mich hat dieser Einwand sehr berührt. Denn er bestärkte mich in meiner Vision eines neuen Teamgeistes, einer gesunden Fehlerkultur und einer starken Vertrauensbasis, die ich für das Unternehmen im Sinn hatte. Dabei geht es um elementare Fragen:

1. *Wie gelingt es uns, allen Mitarbeitern einen sicheren und offenen Raum anzubieten, in dem sie sich beruflich entfalten und gemeinsam wachsen können?*

2. *Wie können wir bei Mitarbeitern in Leitungsfunktionen das Vertrauen darin stärken, dass alle Teammitglieder diesen offenen Raum zum Besten der Firma nutzen möchten und werden?*

Wenn ein Mensch viel Energie dafür aufbringen muss, sein Umfeld zu stabilisieren oder möglichen Genickschlägen auszuweichen, bleibt sein eigenes Wachstum auf der Strecke. Wenn wir also Veränderungsprozesse in Gang bringen und hartnäckige psychologische Abwehrmechanismen – wie beispielsweise Versagensängste – zugunsten eines kreativen Flows auflösen wollen, dann brauchen wir einen sicheren Raum. Wir brauchen die Gewissheit: »Hier bin ich gewollt, hier kann ich vertrauen.« Dann entsteht Mut zur Veränderung, dann entsteht Innovation.

Denn Vertrauen ist letztendlich der Wille, sich verletzlich zu zeigen (vgl. Osterloh & Waibel, 2006). Wenn wir vertrauen, dann riskieren wir etwas, wir wagen uns aus der Deckung, wir bieten an, was wir zu geben haben. Und wir verlassen uns darauf, dass uns kein Schaden entstehen wird. Vertrauen erfordert daher unseren Mut zum Risiko ebenso wie unsere Zuversicht. Wenn wir vertrauen können, haben wir allen Grund, stolz auf uns zu sein. Und wenn wir als Unternehmer eine vertrauensvolle Kultur am Arbeitsplatz schaffen, dann haben auch wir allen Grund, zufrieden zu sein. Warum ich das so betone? Weil Vertrauen ein gelerntes Verhalten ist. Vertrauen ist nicht angeboren, es wird beobachtet, erprobt, gelernt, verfestigt – oder enttäuscht. Das macht Vertrauen so wichtig, so wertvoll und so erschütterbar. Auch und gerade in der Unternehmenskultur.

Das habe ich früh selbst erfahren: Ich bin 1992 als Geschäftsführer in unser Familienunternehmen Lattoflex eingestiegen. Sowohl mein Vater als auch mein Großvater waren damals noch an Bord des Unternehmens. Da stellte sich schnell die Frage nach dem Elefanten im Raum: Inwiefern vertrauen Eltern ihren Kindern darin, das eigene Unternehmen weiterzuführen?

Ich hatte bereits in Bremen eine Tischlerlehre bei der Firma Mattfeld gemacht. Doch als meine Lehre nach anderthalb Jahren beinahe abgeschlossen war, ging die Tischlerei plötzlich Konkurs; und ich hatte mein Gesellenstück noch nicht gemacht. Tja: Nun finde in der Situation mal eine andere Tischlerei, die sagt: »Klar übernehmen wir Dich so kurz vor der Abschlussprüfung!«, denn die entsprechende Tischlerei bekäme außer Kosten und Verwaltungsaufwand nicht mehr viel zurück. Also ist mein Vater in die Bresche gesprungen: »Pass mal auf, Boris, wir bilden zwar keine Tischler mehr aus, aber mach doch zumindest Dein Gesellenstück bei uns in der Firma.« In meiner Not nahm ich das Angebot an – und plötzlich hatte ich mit meinem Vater und meinem Großvater zwei strenge Tischlermeister um mich herum; dazu noch acht Altgesellen, die seit den 50er-Jahren in der Firma tätig waren und absolut alles über Holz zu wissen schienen. Nicht einmal eine Schraubzwinge durfte ich allein anziehen, ohne dass sich zehn Leute gleichzeitig auf mich gestürzt und mir wohlgemeinte Belehrungen mitgegeben hätten. Ich fühlte mich, als wäre ich in eben solch einer Schraubzwinge eingeklemmt worden ...

Das Gesellenstück habe ich gut hinbekommen – bis heute hat es seinen Platz im Flur meiner Eltern, die mir versichern, dass ich so lange zum Essen vorbeikommen darf, wie es dort steht. Nach Absolvierung meines Gesellenstücks aber, brauchte ich erst einmal eine Pause von Lattoflex und der familiären Enge. Erst etwa 10 Jahre später bin ich als Geschäftsführer in die Firma zurückgekommen. In der Zwischenzeit hatte ich mich intensiv mit der Frage auseinandergesetzt, wie ich meine eigenen unternehmerischen Standards setzen und wie ich mich diesbezüglich von meinem Vater und meinem Großvater abgrenzen könnte. Denn bei allem Respekt vor deren Lebensleistungen fragte ich mich: »Wie gut können Eltern ihren Kindern vertrauen, wenn diese vielleicht andere Wege als sie selbst einschlagen?« Die Grundidee von Familienentwicklung ist ja, dass Eltern all ihr Erfahrungswissen an ihre Kinder weitergeben, damit diese daran wachsen können – bis sie sich erst auf Augenhöhe mit den Eltern befinden und dann bestenfalls sogar über sie hinauswachsen können. Vor allem der letzte Schritt ist für viele Eltern schwer auszuhalten, weil er sie mit ihrer eigenen Begrenztheit und Endlichkeit konfrontiert. Plötzlich sind die Kinder am Drücker und man selbst gehört zum »alten Eisen«. Und auch bei meinem Vater klang manchmal so ein ungläubiger Unterton mit: »Da ist der Boris gerade erst den Windeln entschlüpft und noch ganz grün hinter den Ohren, und plötzlich will er mir als verantwortungsvolle Führungskraft nachfolgen?«

Als wäre so ein Generationenwechsel nicht schon herausfordernd genug, hatten wir genau in den Jahren meines zweiten Einstiegs mit einer massiven Vertrauenskrise zu kämpfen. Kurz zuvor war Deutschland wiedervereinigt worden und erstmals gab es auf dem Bettenmarkt Discounter wie zum Beispiel das Dänische Bettenlager oder Concord. Zwar hatten sich mein Opa Karl Thomas, mein Vater Wilfried und ihr schweizerischer Freund Hugo Degen als gemeinsame Erfinder des Lattenrosts 1957 ein weltweites Patent auf ihren Lattenrost gesichert. Doch dieses Patent war in den 70er-Jahren ausgelaufen, und plötzlich konnte man Lattenroste für knapp 100 Euro kaufen. Wer würde da noch viel Geld für ein hochwertiges Lattoflex-Modell ausgeben? Viele Leute in meinem Umfeld hegten damals starke Zweifel, ob Lattoflex in diesem Geschäftsfeld bestehen können würde.

Meine erste Aufgabe als Geschäftsführer bestand also darin, wieder Vertrauen in die Marke Lattoflex aufzubauen. In einem ersten Anlauf führten wir eine neue Lattenrost-Technologie mit Kunststoffleisten und Flügeln ein, in der Hoffnung, dadurch unsere Kunden vom hohen Innovationsgehalt unserer Produkte überzeugen zu können. Doch der Schuss ging voll nach hinten los: Obwohl ein patentiertes Meisterstück, bekamen wir die neue Technologie nicht schnell genug richtig in den Griff, sodass viele Kunden ihre neu gekauften Lattenroste enttäuscht zurückgaben. Und klar, wer fasst bei Reklamationsquoten von über 20 Prozent schon Vertrauen in eine Marke? Da standen wir also bedröppelt wie nasse Pudel, mit einer Halle voller kaputter Produkte – es war grauenvoll. Ganz ehrlich, in dieser Zeit gab es immer wieder Momente, in denen ich dachte: »Okay, jetzt gebe ich auf. Wie soll ich aus diesem Schlamassel je wieder rauskommen?«

Dieser erste »Fehlschuss« ging mir richtig an die Nieren. Ich erinnere mich noch genau an das Feedback von einem Stammkunden, mit dem ich mich persönlich sehr gut verstand. Bekümmert saß er in meinem Büro und sagte: »Hey Boris, ich liebe eure Firma echt, aber ihr baut nur noch Scheiß.« Wusch, diese Ohrfeige saß! Da stand ich als junger Geschäftsführer also vor der immensen Herausforderung, die wankende Firma wieder auf Kurs zu bringen und mir dabei keinen weiteren Fehltritt zu erlauben. Wahrlich nicht die besten Voraussetzungen für (Selbst-)Vertrauen ...

Aber ich ließ nicht locker. Und vor allem: Ich ließ mich nicht darin entmutigen, trotz der kritischen Situation meinem Bauchgefühl zu folgen und neue Wege auszuprobieren. Nach sieben Jahren zähen Ringens, im Jahr 2008, spürte ich endlich, dass wir wieder Boden unter den Füßen gefunden hatten. In diesen sieben Jahren hatten wir ein ganzes Bündel an Rettungsmaßnahmen erarbeitet und durchgepeitscht, und zum Glück trugen unsere Bemühungen Früchte. Was mich dabei jedoch am meisten faszinierte: Letztlich waren es nicht die technischen oder wirtschaftlichen Maßnahmen, die den Turnover bewirkt haben.

Stattdessen war es essenziell, uns als Unternehmen massiv auf unsere erfolgreiche Geschichte zurückzubesinnen. Die Erinnerung an erfolgreiche Zeiten, an die Visionen, die unsere Gründerväter in sich trugen, als sie Lattoflex ins Leben riefen – all das hat uns als Team neu zusammengeschweißt und eine tragfähige, klare Vision für die Zukunft gegeben.

Damals hatte ich mir mit Dr. Brandmeyer, einem renommierten Marken-Experten, guten Rat ins Haus geholt. Er brachte es mit nur wenigen Sätzen trocken auf den Punkt: »Ganz einfach, Herr Thomas, Sie haben Ihre Wurzeln vergessen! Sie erzählen überhaupt nicht mehr, dass Sie 1957 den ersten Lattenrost der Welt gebaut haben. Aber genau das müssen die Menschen wissen! Nur wenn sie die Lattoflex-Vision kennen, wonach jeder Mensch dieser Welt ein Recht auf schmerzfreien Schlaf haben sollte, werden sie wieder mit anderen Augen auf Ihr Unternehmen schauen.«

Ich war anfangs sehr skeptisch: »Was, ausgerechnet jetzt, da wir eigentlich alle Ressourcen in die Verbesserung unserer Produkte stecken müssten, sollen wir uns mit unseren Wurzeln beschäftigen? Wer interessiert sich denn noch dafür?« Auch im Team war die Idee umstritten: »Ist das nicht alles Yesterday-Kram?«, fragten mich selbst meine vertrautesten Kollegen. Aber tief drinnen ahnte ich, dass Herr Brandmeyer recht haben könnte. Und wie recht er hatte: Binnen kürzester Zeit erkannte ich, wie fasziniert unsere Kunden davon waren, dass wir tatsächlich die Erfinder des Lattenrosts sind und diese wichtige Aufgabe verantwortungsvoll fortführen möchten. Indem wir neues (Selbst-)Vertrauen in unsere eigene erfolgreiche Firmengeschichte aufbauten, gewannen wir auch das Vertrauen unserer Kunden zurück. Wurzeln verleihen Bodenhaftung und einen sicheren Stand, durch die der Baum der Zukunft wachsen und gedeihen kann. »Die Lattenrost-Pioniere bringen schmerzfreien Schlaf für alle Menschen – dafür und für nichts anderes steht Lattoflex.«

Alexander Christiani, der mich als weiterer Mentor in dieser Zeit begleitete, hatte maßgeblichen Anteil bei der konkreten Umsetzung unserer Rückbesinnung auf unsere Werte. Er überzeugte mich von der Idee, einen Imagefilm zu drehen, in dem nur diejenigen Kollegen auftreten sollten, welche die Lattoflex-Erfolgsgeschichte noch selbst miterlebt hatten. Menschen wie mein Vater also. Dieser Film ist bis heute ein zentrales Element unserer Firmenkultur, weil sie allen Kollegen immer wieder neu vor Augen führt: »Ah, darum geht es uns!«

Indem ich mir also neu bewusst geworden bin, wo ich herkomme und wie meine Wurzeln beschaffen sind, konnte ich das Risiko auf mich nehmen, in gefühlte Untiefen zu springen und Neues zu wagen. Jesus' berühmte Aussage »Der Vater und ich sind eins« bringt diese Erkenntnis sehr klar zum Ausdruck. Auf den Grundwerten der klaren Selbsterkenntnis kann sich eine sinnstiftende und offene Vision für die Zukunft entfalten.

Von da an nahm der Faktor Mensch – und damit der Faktor Vertrauen – eine immer wichtigere Rolle in der Firmenkultur ein.

Es war uns also gelungen, auf der menschlich-emotionalen Ebene wieder eine Verbindung zu unseren Kunden aufzubauen, und alle Beteiligten waren sich intuitiv einig, dass dieser schwer in Zahlen zu fassende Wert die entscheidende Wende gebracht hatte!

Dieser menschlich-emotionale Faktor hatte aber nicht nur in den Kundenbeziehungen Früchte getragen: Ich hatte schnell erkennen müssen, dass auch meine Kollegen und Mitarbeiter in Krisenzeiten nicht in erster Linie distanzierten Sachverstand, sondern vor allem Herzenswärme brauchten. In Krisen brauchen Menschen das sichere Gefühl, dass sich jemand mit 120 Prozent Einsatz um ihr Anliegen kümmert. Das habe ich anfangs unterschätzt, und ehrlicherweise fehlte mir dazu auch der Mut. Denn dann hätte ich mich als Chef hinstellen und ehrlich zugeben müssen: »Ey, die Situation ist jetzt echt scheiße!« Und obwohl ich wusste, dass sie echt scheiße war – und zudem wusste, dass meine Kollegen das genauso wussten wie ich –, fiel es mir verdammt schwer, über meinen Schatten zu springen. Aber das war für mich der entscheidende Lernfaktor: In der Not nicht eng zu werden, sondern mich verletzlich zu zeigen. Auch wenn es erst mal wehtut.

Über die Jahre ist also die Idee in mir gereift, dass die Entwicklung eines Unternehmens ganz ähnlich funktioniert wie die Persönlichkeitsentwicklung. Egal, ob als Kind oder in einem späteren Coaching oder Lernprozess, damit eine Person nachhaltig wachsen kann, benötigt sie drei elementare »Zutaten«:

- *eine inspirierende Umgebung*
- *einen sicheren Raum (ohne Vorurteile und ohne die Androhung von Strafen)*
- *eine kompetente, verlässliche und emotional verfügbare Bezugsperson.*

Wenn bei mir heute eine zwischenmenschliche Beziehung ins Wanken gerät, dann weiß ich: Jetzt ist erst recht der Moment, mich verletzlich zu zeigen und zu sagen »Okay, hier bin ich – mit allem Licht und allem Schatten.« Es ist der Moment, sich zu öffnen und aus dieser verletzlichen Position heraus andere Menschen einzuladen, dasselbe zu tun. Dann entsteht Vertrauen, und damit ein Raum für tiefe Veränderung.

Ein solches Vertrauen bildet die Grundlage jeder nährenden Beziehung: Es bestimmt die produktive, ehrliche Zusammenarbeit am Arbeitsplatz und stellt sicher, dass Eltern-Kind-Beziehungen gelingen. Ohne Vertrauen gibt es kein funktionierendes, gesundes Sozialsystem und keine respektvolle, liebevolle Partnerschaft. Vertrauen ist ein sturmfestes und zugleich jederzeit fragiles Gebilde. Es möchte gepflegt und kultiviert werden. Es besteht darauf, ernst genommen und respektiert zu werden. Es verlangt Loyalität und spendet Wärme. Und es reagiert ratlos, hilflos, traurig und wütend, wenn es missbraucht wird.

Das klingt relativ eingängig, nicht? Das Verzwickte ist nur: Unsere Aufgabe besteht darin, uns immer wieder neu für das Vertrauen zu entscheiden – auch, wenn wir Enttäuschungen erleben. Es gilt, trotz möglicherweise erlebter Verletzungen weiterhin offenzubleiben, immer wieder neu die Entscheidung für das Vertrauen zu treffen und auch andere Menschen unermüdlich zum Vertrauen einzuladen.

Dazu müssen wir uns dem Fluss des Lebens hingeben, mit allen Höhen und Tiefen, allen Hindernissen und Schwierigkeiten, Beziehungen und Beziehungskrisen. Das gelingt uns nur, wenn wir lernen, trotz auftauchender Erschütterungen und Ängste immer in das Morgen zu vertrauen. Und das ist nun einmal nicht immer einfach.

In einem früheren Buchprojekt habe ich erfolgreiche Unternehmer zum Thema Krisen und Ängste interviewt. Und wenn ich auf die Gespräche zurückblicke, finde ich es faszinierend, dass all diese erfolgreichen Geschäftsleute ausnahmslos von großen Ängsten geplagt wurden. Mit anderen Worten: Erfolg zu haben – das schützt nicht vor den Zweifeln, Krisen und inneren Kämpfen, die ich eben beschrieben habe.

Ganz im Gegenteil: Ich glaube, dass erfolgreiche Menschen gerade deshalb so erfolgreich sind, weil sie über exzellente Fähigkeiten und Mechanismen der Krisenbewältigung verfügen; weil sie nicht aufhören, voranzuschreiten, weil sie wehrhaft und optimistisch bleiben. Auch wenn ihnen eine innere Stimme einreden möchte, dass die Firma nicht noch einen Produktflop vertragen kann und sie bald unter der Brücke schlafen müssen. Auch wenn ihnen eine andere innere Stimme versichert, dass sie ihren Zenit erreicht hätten und sich nun lieber auf den Früchten ihres Erfolgs ausruhen sollten. Warum machen sie dennoch weiter? Weil sie vertrauen. Weil sie sich dem Lebensstrom anvertraut haben. Weil sie ihren eigenen, hedonistisch geprägten Einschätzungen kein allzu großes Gewicht beimessen.

Auch mir persönlich geht es weniger um mein Unternehmer-Ego als um die Verbindung zwischen Menschen. Und in diesem Sinne ist mein Ziel, dass meine Mitarbeiter nach ihrem Arbeitstag mit mehr Energie nach Hause gehen, als sie mitgebracht haben – und nicht umgekehrt. Nun kommt Energie nicht einfach aus dem Nirgendwo. Es muss also einen »Energietank« geben, an den meine Mitarbeiter andocken können, um ihre inneren Akkus zu laden. Und nach meiner bisherigen Erfahrung glaube ich, dass dieser Tank aus der guten, authentischen Verbindung zwischen den Menschen besteht. Mein Unternehmen muss also auch ein »Auffangbecken« für die zutiefst menschlichen Belange aller Mitarbeiter sein. Natürlich haben wir einen Arbeits- und keinen Therapievertrag. Natürlich muss jeder Kollege seinen Job machen. Doch es ist ein himmelweiter Unterschied, ob ich meinen Job mache und mich gleichzeitig menschlich verbunden fühle oder ob ich meine

Aufgaben genervt im Alleingang runterrocke. Denn viele meiner Mitarbeiter geben mir das Feedback, dass sie sich bei uns in der Firma richtig wohl fühlen. Das macht mich stolz, und gibt mir Kraft. Und es schenkt mir Vertrauen darin, dass wir gemeinsam auch durch tiefe Täler gehen und gestärkt aus ihnen hervorgehen können.

Der Erfolg eines Unternehmens folgt den gleichen Gesetzen der Psychologie wie unser Menschsein, denn in jeder noch so kleinen oder großen menschlichen Gruppe wirken zahlreiche, komplexe psychologische Mechanismen. Wenn meine Mitarbeiter im Unternehmen von ganzem Herzen spüren können, dass sie dem (Arbeits-)Leben und ihren Kollegen vertrauen können, dann werden sie auch in der Lage sein, sich frei zu entfalten und mutig etwas Neues anzugehen. Sie können dem Unternehmen ihre Inspiration schenken: Durch ihre eigene Transformation, durch ihren Mut, über sich selbst hinauszuwachsen.

Als Unternehmer komme ich aber trotzdem nie ganz umher, Zusammenhänge auch unter die ökonomische Lupe zu nehmen. Und, rein wirtschaftlich betrachtet, scheint die Welt dann ganz plötzlich einfach gestrickt: Vertrauen in Produkte oder Dienstleistungen schafft Wachstum, und dieses Wachstum schafft dann Erfolg. Aber ist es wirklich so simpel? Funktioniert das heutzutage noch so? Meine persönliche Antwort darauf lautet: Ja, es ist so simpel – aber einen Zustand des umfassenden Vertrauens zu erreichen, das ist alles andere als simpel.

Und da kommen wir schon zum Kern: Meiner Erfahrung nach beginnt Vertrauen bei uns selbst. Wenn ich mir selbst vertrauen kann, dann kann ich auch anderen Menschen und dem Leben als solchem vertrauen. Ich kann Unternehmen, der Regierung und der Gesellschaft vertrauen. Denn wenn ich Urvertrauen in mir spüre, kann ich mich beim Auftreten von Problemen oder Krisen immer auf ein vertrauensvolles Gefühl besinnen. Ich kann neuen Mut fassen. In einem Seminar, das ich vor vielen Jahren besucht hatte, brachte es der US-amerikanische Coach und Bestsellerautor Tony Robbins auf den Punkt: »Trust the process and move on«.

Aus meiner Sicht geht es deshalb auch nicht darum, irgendeine 100-Prozent-Marke zu erreichen. Es geht um »the process«, um den Prozess, den Weg. Das ist die eigentlich lehrreiche Lektion. Und das Lernen hört bekanntlich nie auf. Allein diese

Tatsache lässt mich lächeln – theoretisch ist jederzeit alles erlernbar. Also auch nachholbar. Es gibt nicht so viele vergebene Chancen, wie es scheint; zumindest dann, wenn wir uns von Misserfolgen nicht nachhaltig entmutigen lassen.

Solange wir aber immer nur auf Idealwerte und Zielmarken blicken, müssten wir ein »95 Prozent-Leben« immer als totalen Misserfolg bewerten – egal, wie viel wir darin gelernt hätten. Wenn wir jedoch jede Lebenserfahrung als wertvolle Wachstumsübung begreifen und darauf vertrauen, dass das Leben uns zu den richtigen Orten und Menschen führen wird, ist unser Leben per se ein Erfolg – es ist reich an Erfahrung, Einsicht und Begegnung. Und auch Misserfolge gehören zu einem erfüllten Leben dazu. Das ist keine besonders schöne Erkenntnis, aber eine zutiefst wichtige. Da bin ich Realist. Wir können uns immer entscheiden, wie wir mit unseren Misserfolgen umgehen. Wir können lernen, den unausweichlichen Krisen das Beste abzugewinnen und daran zu wachsen.

Mir selbst hat dieser Vertrauens-Zugang zur Welt enorm viel Sicherheit und Selbstbewusstsein gegeben. Heute habe ich (meistens) den Mut, mich hinzustellen und zu sagen: »Okay, hier bin ich, finde mich scheiße oder nicht. So sehe ich die Welt. Und ich glaube Dir.« Früher war ich eher strategisch unterwegs, wie ein Schachspieler, der zwar die Figuren bewegt, aber selbst nicht auf dem Schachbrett steht. Heute weiß ich, dass ich ein Teil dieses Schachbretts bin. Mein Wohlbefinden und mein beruflicher Erfolg hängen gleichermaßen davon ab, wie gut es mir gelingt, in diese Welt einzutauchen und ein Teil von ihr zu werden.

Vertrauen ist dabei immer ein Angebot, das ich anderen Menschen gegenüber aussprechen kann. Wenn ich es tue, muss ich nahbar sein und darf mich nicht hinter meiner Rolle als Chef, Vater oder sonst irgendetwas verstecken. Dann muss ich Teil des Spiels sein und sagen: »So fühle und handle ich.« Diese verletzliche Offenheit eröffnet den Raum für alle anderen: Sie können sich ermutigt fühlen, ebenfalls frei zu reden.

Natürlich gibt es auch in meinem Leben immer wieder Phasen, in denen ich zweifle, ob dieser Vertrauensweg wirklich richtig ist. Ich stelle aber generell jede Woche mindestens zehnmal in Frage, was ich tue. So gesehen gehören Zweifel für mich zum Leben dazu. Und auch wenn ich mich damit bisweilen selbst nerve:

Diese Zweifel sind für mich ein wertvolles Hilfsmittel, um mich und meine Vorstellungen von der Welt immer wieder neu zu hinterfragen – und wenn nötig eben auch zu revidieren. Winston Churchill soll wochenlang nicht richtig geschlafen haben, bevor er seine Entscheidung für eine Militärinvasion in der Normandie traf. Bei großen Entscheidungen gibt es häufig kein klares Ja oder Nein, und oft muss man lange mit wechselhaften Gefühlen »schwanger« gehen, bevor sich abzeichnet, welche Entscheidung sich richtig anfühlt.

Insofern soll dieses Buch Dir Leuchttürme, Landmarken und Grundsteine auf dem Weg zur Beantwortung der Frage bieten, was Vertrauen für Dich ausmacht. Wie Du es aufbauen, kultivieren, schulen, schenken, festigen und nutzen kannst. Dazu betrachten wir vier Ebenen:

- *Das Vertrauen, das unsere Gesellschaftsformen trägt,*
- *Das Vertrauen innerhalb der Unternehmenskultur,*
- *Das individuelle Vertrauen von Mensch zu Mensch,*
- *Und schließlich das wichtigste Vertrauen: Das Vertrauen in uns selbst.*

Als Menschen sind wir Teil von all diesen Konstrukten, haben sie im Laufe der Menschheitsgeschichte selbst entworfen, verworfen und neu interpretiert. Jede der vier Ebenen für sich bietet Herausforderungen, zeichnet Türen und findet Lösungen. Um diese soll es nun gehen.

Wenn wir diese Türen öffnen können, ist eine wahre Vertrauensrevolution möglich.

Folgendes möchte ich Dir dazu mit auf den Weg geben: Vertrauen fordert viel von Dir – aber es gibt Dir umso mehr zurück. Lass uns gemeinsam Mut und Zuversicht finden.

Dein

Boris

KAPITEL 1

ES IST ZEIT FÜR EINE VERTRAUENSREVOLUTION

Wir leben in einer Zeit der Vertrauenskrisen. Wo wir auch hinschauen: Weltweit flammen immer mehr Konflikte auf, auch hier bei uns in Europa. Angst, Verunsicherung und Misstrauen dominieren die Nachrichtensendungen, die Social-Media-Posts, die persönlichen Gespräche. Überall vermuten wir Falschinformationen, verdeckte Absichten, unwahre Versprechungen – und so fällt es uns zunehmend schwer, Regierungen oder Unternehmen unser Vertrauen zu schenken. Diese Entwicklung macht auch vor persönlichen Beziehungen nicht Halt: Das tiefe Einlassen auf einen anderen Menschen wird zum Wagnis. Vielleicht hat mein Partner sein Profil auf Tinder ja nie gelöscht? Woher weiß ich, ob er zu mir steht? Vielleicht wartet da draußen ja auch noch eine bessere Partie – eine, der ich endlich vertrauen kann? Schlussendlich empfinden wir sogar ein Misstrauen uns selbst gegenüber, wir misstrauen unseren eigenen Gedanken, unseren Einschätzungen und Urteilen. Es ist Zeit für eine Revolution!

Doch warum gerade jetzt? All die schlechten Nachrichten, die gesellschaftlichen Verwerfungen und die multiplen Krisen erschüttern unser Vertrauen, und sie verstellen einen zuversichtlichen Blick in die Zukunft. Womit hat all das begonnen? Ende der 80er-Jahre fiel die Mauer und mit ihr der Eiserne Vorhang, der Europa für Jahrzehnte getrennt hatte. Der Kalte Krieg war Geschichte, die westliche Welt spürte einen ganz neuen Optimismus. Als neue Gemeinschaft schienen wir eine ungekannte Ebene des Erfolgs und der Verbundenheit zu betreten. Ende der 90er-Jahre erlebten wir einen Boom neuer Technologien, das Internet revolutionierte die zwischenmenschliche Kommunikation und Zusammenarbeit. Selbst das Platzen der sogenannten Dotcom-Blase änderte wenig an der positiven Aufbruchsstimmung der westlichen Welt.

Die neue Zeitrechnung begann wohl spätestens im Jahr 2007: Mit der sogenannten Subprime-Krise in den USA, dem Untergang der Lehman Brothers Holdings Inc. und der folgenden Finanzkrise veränderte sich der Zustand unseres gesellschaftlichen Vertrauens. Denn auch in Europa erlebten wir tiefe und gänzlich unerwartete

Umwälzungen – wie etwa die Eurokrise, die nur mit großer Mühe und hohem finanziellen Einsatz bewältigt werden konnte. Von nun an folgte eine Krise auf die andere, bis hin zur COVID-19-Pandemie und der ihr folgenden Inflation. All die gesellschaftlichen Schutzmaßnahmen, die die Pandemie mit sich brachte, hätten wir uns zuvor in unseren kühnsten Träumen nicht vorstellen können: Lockdowns, Ausgeh- und Verweilverbote, die Pflicht zum Tragen einer Mund-Nasen-Bedeckung und auch die leidenschaftlichen Diskussionen über ein mögliches Impfpflichtgesetz zeigten, wie blank die Nerven lagen. Gleichzeitig offenbarten sich tief sitzende Ängste und Sorgen hinsichtlich der Entwicklung unserer Gesellschaft: Erschufen wir wirklich noch eine Welt, in der es unseren Kindern einmal besser gehen würde als uns? In der wir uns frei entfalten und unsere ganz persönlichen wie höheren gesellschaftlichen Ziele verwirklichen könnten? Oder waren nun doch »die fetten Jahre vorbei«, und es wartete gesellschaftlicher wie persönlicher Verzicht auf uns? Eine Zukunft, in die wir unsere Kinder nur zögerlich und ängstlich entlassen könnten? Auch an mir persönlich sind diese letzten Jahre nicht spurlos vorbeigegangen.

Für mein Unternehmen Lattoflex waren die letzten Jahre sehr herausfordernd. Bis 2019 glaubten wir noch, alles sicher im Griff zu haben: Wir organisierten regelmäßig Kundenveranstaltungen, gaben Schulungen vor Ort, unsere Außendienstmitarbeiter besuchten täglich unsere Kunden und verkauften. Es lief alles genau so erfolgreich, wie es das seit vielen Jahrzehnten getan hatte.

Doch dann war plötzlich alles anders. Der Einzelhandel wurde von wochenlangen Lockdowns ohne Perspektive erschüttert. Die verunsicherten Menschen hielten ihr Geld zurück, sparten, übten sich in Verzicht. Die gesellschaftlich empfundene, angstvolle Nervosität schlug sich direkt auf den allgemeinen Konsum nieder. Innerhalb von 14 Tagen nach Beginn des ersten Lockdowns hatten wir 80 % unserer Umsätze eingebüßt. Durch das Schließen der Fachhandelsgeschäfte blieben die Umsätze dann vollständig aus. Fast alle unsere Mitarbeiter mussten in Kurzarbeit gehen. Wir schafften es mit Aufträgen aus anderen Bereichen gerade eben, einmal in der Woche einen Produktionstag aufrecht zu erhalten.

In dieser Zeit durfte ich unglaublich viel über Angst und Vertrauen lernen.

Die tiefen Umbrüche haben Narben in unseren Seelen hinterlassen. Sie sind bis heute sichtbar – und spürbar. Nach einer langen Phase des Optimismus, des Wohlstands und des tiefen Vertrauens in die Zukunft scheinen wir jetzt in eine andere Phase eingetreten zu sein. Die pandemiebedingten Umwälzungen, die politischen Auseinandersetzungen und die Kriege bei uns in Europa – all das hat unser Vertrauen tief erschüttert. Es geht nicht mehr in derselben Weise stetig höher, schneller und weiter. Stattdessen sind wir unerwartet mit der Notwendigkeit konfrontiert, Schritte zurückgehen zu müssen.

Gehen wir an dieser Stelle noch einmal zurück zum Fall der Berliner Mauer – der Kontrast des gesellschaftlichen Empfindens könnte nicht stärker sein. Alles strebte damals nach Freiheit und Demokratie. Die Staaten des ehemaligen Warschauer Paktes wurden zu Demokratien; nach einigen Jahren holperiger Anpassungsprozesse entwickelte sich die Wirtschaft sehr gut. Es schien so, als läge die Welt von nun an im immerwährenden Frieden. Und doch sieht diese Welt heute vollkommen anders aus. Die aktuelle politische Lage ist für mich eines der stärksten Symptome dieser Krankheit Misstrauen, die uns wie ein Virus überfallen und scheinbar übermächtig unseren Geist, unsere Seelen und unsere Herzen übernommen hat. Und ich muss bekennen, dass ich beinahe Mitgefühl mit den regierungsverantwortlichen Personen empfinde. Es scheint kaum noch möglich, eine klare und zielführende Strategie zu formulieren. Zu groß sind die Unsicherheit und die Ungewissheit hinsichtlich zukünftiger Entwicklungen:

· *Sollte man die Zinsen senken oder anheben?*
· *Sollten wir investieren und höhere Schulden aufnehmen oder lieber sparsam wirtschaften?*
· *Wie wird sich der Krieg im Osten weiterentwickeln?*
· *Wie wird sich die Spannung zwischen den USA und China entwickeln?*
· *Droht gar ein neuer Weltkrieg?*

Verunsicherung und Vertrauensverlust manifestieren sich noch in vielen weiteren Dingen: etwa im Aufkeimen von politisch extremen Parteien, was sich an dieser Stelle nicht in der nötigen Tiefe betrachten lässt. Aber auch am Beispiel der umfangreichen staatlichen Bürokratie zeigt sich die Vertrauenskrise: Immer größere Bereiche unseres Lebens ersticken unter einer Last von Formularen, Belegen,

Nachweisen und Anträgen. Hinter all diesen »Maßnahmen« versteckt sich ein tiefes Misstrauen in die Fähigkeit und Bereitschaft der Menschen, das Gute zu wollen und Gutes zu tun.

Und wenn wir aus dieser Vogelperspektive wieder zu uns selbst zurückgehen, sehen wir auch in uns eine Reflexion des Misstrauen-Virus. Spüren wir heute noch denselben Optimismus und diese Idee von »Das wird schon klappen!«, wie in den 80er- oder 90er-Jahren? Ich erinnere mich noch gut daran, wie optimistisch ich mich damals fühlte. In den 90er-Jahren hatte ich drei Kinder bekommen, die nun begannen, die Welt zu erobern und dabei meine ganze Aufmerksamkeit bekamen. Die Wirtschaft boomte und weltweit entstanden immer neue Möglichkeiten. Ende der 90er-Jahre war ich zum ersten Mal mit einem kleinen Messestand auf der Möbelmesse in Shanghai; ich blickte sehr positiv auf die Chancen, die sich in diesem riesigen Reich im Osten eröffneten. Damals war es leicht, Investitionsentscheidungen mit hohem Risiko zu treffen, weil man sicher von einer allgemeinen Aufwärtsbewegung ausgehen konnte. Heute dagegen sieht die Lage anders aus. Mit meiner Einschätzung der Zukunft bin ich vorsichtiger geworden. Ich muss einräumen, dass viele meiner Prognosen für die letzten Jahre nicht eingetreten sind. Jedes Jahr ist und war eine neue Herausforderung. Aus heutiger Sicht erscheint es mir fast schon unglaublich, wie unbeschwert und optimistisch ich in den 90er-Jahren war.

Kein Wunder also, dass diese plötzlich eingetretene Verunsicherung auch in die persönlichen Beziehungen hineinwirkt. In der westlichen Welt wird man sich kaum noch einig darüber, was eine starke Beziehung eigentlich ausmacht – und ob sie überhaupt erstrebenswert ist. Die Scheidungsraten stiegen von 1960 bis 2008 stetig an und verharren auch heute noch auf hohem Niveau (Statistisches Bundesamt, zitiert nach de.statista.com, 2023a), die Anzahl von Singlehaushalten wächst seit 1991 ebenfalls kontinuierlich (Statistisches Bundesamt, zitiert nach de.statista.com, 2023b). All das sind für mich klare Indikatoren für ein zunehmendes Misstrauen innerhalb der partnerschaftlichen Beziehungen.

- *Kann ich mich wirklich noch auf eine Partnerschaft einlassen?*
- *Kann ich es riskieren, mich auf einen Menschen zu verlassen?*
- *Werde ich enttäuscht und verletzt?*

Oder schauen wir auf die Vertrauenskrise in unseren Unternehmen: allein das Thema »Homeoffice« hinterlässt viele Mitarbeiter in tiefer Verunsicherung. Vielen Menschen fehlt im Homeoffice die menschliche Nähe, der direkte Kontakt, der Austausch untereinander. Auf der anderen Seite werden viele Mitarbeiter aufgefordert, wieder in Präsenz zu arbeiten – aber nicht nur aus Gründen der Produktivität und Effektivität, sondern auch aus Verunsicherung und Misstrauen: Können Arbeitnehmer auch ohne Beobachtung und Kontrolle motiviert arbeiten und gute Leistungen bringen? Dagegen berichten mir die Mitarbeiter in meinem Unternehmen häufig, wie sehr sie die »guten alten Zeiten« vermissen, in denen man sich einfach so in einem Konferenzraum traf und das Meeting mit Small Talk begann.

Doch was können wir nun tun? Ich habe in den letzten Jahren, speziell seit der Pandemie, oft über das Thema Vertrauen nachgedacht; das Vertrauen in mich selbst und in diese Welt. Eines der eindrücklichsten Erlebnisse in diesem Zusammenhang war das Erleben der Vaterschaft für mich. Denn Vater zu sein, das bedeutet vor allem, immer wieder loszulassen und darauf zu vertrauen, dass die Kinder ihren Weg finden werden. Ich erinnere mich noch gut daran, wie meine 15-jährige Tochter sich entschied, ein ganzes Jahr auf der Highschool in den USA zu verbringen. Als ich sie zum Flughafen gebracht hatte, weinte ich auf dem Rückweg im Auto viele Tränen. So schwer fiel es mir, meine Tochter in diese Welt zu entlassen. In meinem Kopf trudelten unzählige Sorgen, und ich fragte mich, was alles schief gehen könnte, wenn meine Tochter jetzt allein durch diese Welt reiste, in die ferne USA, auf eine Pferdefarm – wer weiß, was sie dort erwartete?

Immer wieder stehen wir an solchen Stationen in unserem Leben, an denen wir uns entscheiden dürfen: Vertrauen wir oder wählen wir das Misstrauen? Die gegenwärtige Lage macht es uns nicht immer leicht, uns für das Vertrauen zu entscheiden. Ich habe Bücher gelesen über große Zeitenwenden, über den Aufstieg und den Fall von Imperien. Ray Dalios Buch »Weltordnung im Wandel: Vom Aufstieg und Fall von Nationen« (2022) war für mich beispielsweise ein augenöffnendes Buch, weil es unsere Menschheitsgeschichte ganzheitlich betrachtet und analysiert. Der Multimilliardär und Co-Chef des Hedgefonds Bridgewater Associates zeigt in seinem Werk auf, wie die gegenwärtigen beunruhigenden Entwicklungen, die unsere Generation so noch nie erlebt haben dürfte, sich in der Geschichte der Menschheit bereits immer wieder ähnlich ereignet haben. Er erkennt Muster und kausale Zusammenhänge (vgl. Speckmann, 2022); und wenn man alle beobachtbaren Zeichen zusammennimmt, scheint auch aus meiner Sicht jetzt eine Zeitenwende anzustehen. Um all die Probleme zu lösen, die vor uns liegen, ist ein echter Umbruch im Denken und Handeln notwendig – privat wie gesellschaftlich.

Deshalb plädiere ich für eine Revolution des Vertrauens. Für mich ist das der Schlüssel für eine erfolgreiche Zukunft. Wir müssen uns wieder öffnen und bereit sein, dem Vertrauen seinen Raum zu geben: unter uns Menschen, in den Familien, zwischen den Staaten und in den Unternehmen. Es ist eine ganzheitliche Aufgabe, die sich auf alle Bereiche des Lebens erstreckt. Doch letztendlich ist diese Revolution eine Forderung an jeden Einzelnen.

- *Sind wir wieder bereit, uns selbst zu vertrauen?*
- *Sind wir wieder bereit, einander zu vertrauen?*
- *Sind wir bereit, selbst den ersten Schritt zu tun?*

Mir ist klar, dass Vertrauen kein leichtes Thema ist. Es verhält sich wie mit einem sprichwörtlichen Stück nasser Seife: Immer, wenn man es greifen will, entgleitet es. Vertrauen ist jedoch nicht nur schwer greifbar, sondern auch schwer umsetzbar.

Aus diesem Grund habe ich mich über viele Monate mit der DNA des Themas Vertrauen beschäftigt – und analysiert, wie sie sich auf die verschiedenen Ebenen unseres Lebens auswirkt. Mit diesem Buch gehen wir gemeinsam auf eine Reise, um das Geheimnis der Vertrauens-DNA zu entschlüsseln und einen Weg zu finden, künftig wieder mehr vertrauen zu können.

Sind wir bereit für eine Vertrauensrevolution?

1.1 VERTRAUENSREVOLUTION

Es wird Zeit für eine Revolution. Ich meine damit ausdrücklich keine Evolution, keine gemächliche Veränderung. Auch das viel verwendete Wort »Transformation« halte ich in diesem Kontext für völlig unangebracht. Wir brauchen einen harten Schnitt, eine Veränderung, die uns durchrüttelt, damit wir merken: »Oh wow, hier geht es in eine ganz neue Richtung.« Deswegen plädiere ich für eine Vertrauensrevolution. Ich glaube, dass wir sonst gesellschaftlich wie privat nicht nennenswert vorankommen. Wir brauchen einen klaren Schnitt zwischen der Vergangenheit und unserer Gegenwart – und eine klare Aufforderung, von nun an einen ganz neuen Weg einzuschlagen.

Dazu gehört natürlich auch die Ermutigung. Jede Revolution erfordert Mut; den Mut, über eine gemütliche Transformation oder langsame Veränderung hinauszugehen. Den Mut, zu erkennen, dass wir in eine Sackgasse geraten sind, und dass wir uns um 180° drehen müssen, um sie endgültig verlassen zu können. Deswegen möchte ich dazu aufrufen, eine radikale Entscheidung für das Vertrauen zu treffen – und zwar auf allen Ebenen.

Aber warum radikal? Weil es offenbar nicht anders geht. Insbesondere in den letzten vier, fünf Jahren hat eine dramatische Vertrauenserosion eingesetzt. Auch Sascha Lobo (2023) spricht in dieser Hinsicht von einer Vertrauenskrise und in einer Krise haben wir nicht die Zeit, nur gelegentlich an ein paar Schräubchen zu drehen. Es braucht einen klaren neuen Weg und eine klare neue Entscheidung. Genau das ist auch die Forderung von Sascha Lobo.

Auf allen Ebenen des Lebens – gesellschaftlich, politisch, wirtschaftlich, persönlich – sehen wir Vertrauensdefizite eines bisher nie da gewesenen Ausmaßes. Ich möchte diese Entwicklung mit einem Beziehungskonflikt vergleichen, bei dem ein Partner dem anderen plötzlich alles vor die Füße schmeißt. Der andere steht völlig entsetzt da und fragt: »Was ist jetzt los?« Er hatte gar nicht mitbekommen, dass der andere eigentlich schon seit Jahren unglücklich gewesen war. Ich glaube, eine vergleichbare Situation erleben wir auf der gesellschaftspolitischen Ebene. Die Menschen schmeißen der Regierung alles vor die Füße und sagen: »Nein, so geht es nicht!« Und die Regierung wiederum steht vollkommen schockiert da und fragt:

»Was ist denn jetzt los? Wieso wählt ihr jetzt die AfD? Was soll dieser Unsinn? Wir machen doch alles wie immer.«

In diesen Momenten wird man sich gewiss: Wir brauchen eine Revolution.

Und mit einem Zitat von Mahatma Gandhi möchte ich jedem Mut machen, im Zuge dieser Revolution etwas zu verändern: »Die Differenz zwischen dem, was wir tun, und dem, was wir tun könnten, würde ausreichen, um die meisten Probleme der Welt zu lösen.« Jeder einzelne von uns kann seinen Beitrag leisten und die Welt zu einem besseren Ort machen. Also lasst uns gemeinsam anfangen!

1.2 BALANCE FINDEN ZWISCHEN RISIKO UND ANGST

Mir ist bewusst, dass das Lesen der ersten Kapitel in diesem Buch eine unangenehme Erfahrung sein kann. Die Kapitel legen den Finger auf die Narben in unseren Seelen, und das schmerzt. Aber jede Revolution erfordert Mut – auch den Mut, etwas ganz neu anzuschauen. Meine Einladung an Dich ist, das Vertrauen einmal völlig anders zu betrachten, als Du es bisher getan hast.

> *Ich möchte direkt zu Beginn ein Erlebnis mit Dir teilen, das für mich eine der eindrücklichsten Erfahrungen im Spektrum des Vertrauens war.*

Ich nahm an einem Seminar von Lency Spezzano teil, der Mitgründerin von »Psychology of Vision«. Es war ein sehr kleines Seminar und wir saßen alle im Kreis. Lency Spezzano stand in der Mitte, spielte einen Gospelsong ab und sang aus voller Kehle mit, immer wieder »Halleluja«. Sie sagte uns, dass wir uns zu ihr gesellen und mit ihr tanzen könnten, wenn wir es wirklich spürten.

Ich befand mich in einer Schockstarre. Ich dachte bei mir: »Oh mein Gott, ich werde da doch nicht rumhampeln. Und dann auch noch zu Gospelmusik ...«

Sie hatte damals einen Assistenten an ihrer Seite, einen Jungen mit Trisomie 21. Er war etwa 19 Jahre alt, aber das einzige Wort mit vier Silben, das er sprechen konnte, war »Halleluja«. Der junge Mann tanzte als erster neben Lency Spezzano und sang lauthals mit.

Ich saß wie versteinert auf meinem Stuhl, schaute die beiden in der Mitte und die anderen Teilnehmer an – und ich merkte plötzlich, wie unfähig ich war, aus meiner eigenen Haut herauszukommen und einfach nur mitzutanzen. In mir und um mich herum waren unzählige Mauern. Doch dann ist dieser Junge zu mir gekommen, hat mir in die Augen geschaut und aus voller Kehle immer wieder das Halleluja gesungen.

Plötzlich habe ich laut mitgesungen: »Halleluja, Halleluja, Halleluja!«, er schaute mir dabei in die Augen, und in diesem Moment brachen bei mir alle Dämme. Ich habe fast eine Stunde lang geheult.

Es war gleichzeitig wie ein Augenöffner. Ich merkte, wie viele Schranken und Barrieren ich zwischen mir selbst und anderen Menschen aufgebaut hatte – aus Angst, mein Gesicht zu verlieren. Ich musste doch die Kontrolle bewahren! Aber dieser Junge war so etwas wie ein Eisbrecher, der meine Mauern wegsprengte.

Dadurch bin ich auf ein völlig neues Level des Vertrauens, der Nähe und der Kommunikation gelangt. Ich war in der Lage, klar zu sehen, welche Mauern zwischen mir und den anderen standen. Und auch, wie ich sie überwinden konnte.

Das war ein eindrückliches Ereignis, an dessen Ende ich natürlich aus voller Kehle den Gospelsong mitgesungen habe.

Schauen wir also gemeinsam eine Ebene tiefer. Unter der Entscheidung, nicht zu vertrauen, oder der Unfähigkeit, zu vertrauen, liegt in den meisten Fällen eine Angst.

- *Angst, enttäuscht zu werden,*
- *Angst, eine falsche Entscheidung zu treffen,*
- *Angst, von anderen Menschen betrogen oder ausgenutzt zu werden,*
- *Angst, etwas zu verlieren, von dem wir glauben, dass es unseres ist (beispielsweise Liebe, Geld, Mitarbeiter, ...).*

Hinter Misstrauen liegt Angst.

Und sobald wir auf diese Angst stoßen, versuchen wir, schnellstmöglich wieder ein Gefühl der Sicherheit für uns selbst herzustellen, und das tun wir mithilfe von Kontrollmechanismen. Mit Kontrolle stellen wir überschaubare Sicherheit für unsere Gefühle her – oder glauben es zumindest.

1.2.1 SICHERHEIT DURCH KONTROLLE – DER EINZIGE WEG?

Zu Beginn dieses Abschnitts möchte ich meinen guten Freund Chuck Spezzano frei zitieren, der bereits im Vorwort das Thema Vertrauen für uns betrachtet hat: »Kontrolle ist der schlimmste Troll von allen«. Was bedeutet das? Es ist anstrengend zu kontrollieren und kostet uns viel Energie und Mühe. Wer Kontrolle ausüben möchte, muss viele Regeln einführen. Dazu hat Bodo Schäfer einmal sinngemäß gesagt: »Viele Regeln, viele Probleme. Wenig Regeln, wenig Probleme.« Das war vor 20 Jahren im Zuge eines Seminars, und er hat bis heute damit recht. Jede Regel, die wir einführen, ist eine Anstrengung für uns selbst.

Stellen wir uns einmal eine Beziehung vor, die von der Angst geprägt ist, dass mein Partner mich betrügen könnte. Ich stelle viele Regeln auf: Er muss sich beispielsweise in regelmäßigen Abständen bei mir melden und jeden Abend zu einer bestimmten Uhrzeit zu Hause sein. Wozu führt das? Erstens brauche ich unglaublich viel Kraft, um all diese Regeln zu kontrollieren. Zweitens: Wir alle wissen, dass Kontrolle keine absolute Sicherheit schaffen kann. Und drittens: Macht diese Kontrolle mein Leben eigentlich glücklicher oder wächst mein Misstrauen und damit auch mein Unglück immer weiter?

Auf Staatsebene haben wir in der ehemaligen DDR erlebt, was es bedeutet, umfassende Kontrolle ausüben zu wollen. Die politische Führung fürchtete, die Bevölkerung könne rebellieren und einen Umsturz realisieren. Also baute man mit dem Ministerium für Staatssicherheit (MfS) einen riesigen Apparat auf, zugleich Nachrichtendienst und Geheimpolizei, um die Bevölkerung zu überwachen, zu kontrollieren und einzuschüchtern. 1989 waren, laut Bundesarchiv für Stasi-Unterlagen (o. D. a), rund 189.000 inoffizielle Mitarbeiter (IM) beschäftigt. In der Zeit seiner Existenz von 1950 bis 1989 waren es insgesamt etwa 620.000. Die Anzahl der offiziellen Mitarbeiter lag 1989 bei 91.015, das machte das MfS damals zu einem der umfangreichsten Sicherheitsapparate auf der Welt (Bundesarchiv o. D. b). An diesem Beispiel zeigt sich sehr deutlich, was geschehen kann, wenn ein Staat aufhört, der Bevölkerung zu vertrauen, und die Bevölkerung im Gegenzug aufhört, dem Staat zu vertrauen.

Doch auch das Deutschland der Gegenwart ist nicht frei von Kontrollmechanismen. Nehmen wir den Bereich Steuern: Das Steuersystem ist schier unüberschaubar geworden. Es ist unbegreiflich, welchen Umfang die verschiedenen Formulare angenommen haben – und mit wie viel bürokratischem Aufwand die entsprechenden Angaben nachgeprüft werden. Alles mit dem Ziel, dass kein Bürger auch nur einen Euro Steuern hinterzieht. Ist der Staat damit erfolgreich? Nur bedingt. Völlige Kontrolle wird es niemals geben – zum Glück, wie ich an dieser Stelle anmerken möchte. Hilfreich wäre es stattdessen, ein verständlicheres, einfacheres, zugänglicheres und transparenteres Steuersystem zu etablieren. Vielleicht lohnt dabei ein Blick auf unsere Nachbarn im Baltikum: Estland und Lettland führen 2023 den International Tax Competitivness Index an; einen Index, der Steuersysteme weltweit unabhängig und objektiv nach Neutralität und Wettbewerbsfähigkeit bewertet (vgl. Mengden, 2023).

Diese Beispiele zeigen einen klar erkennbaren Zusammenhang zwischen Angst und Kontrolle. Jede Form von Kontrolle basiert auf Angst – und muss am Ende scheitern. Aus diesem Teufelskreis auszubrechen und neues Vertrauen zu finden: Das ist die Revolution, von der ich hier spreche. Die Revolution liegt in dem mutigen

Schritt, über die Kontrolle hinwegzugehen, und das zu erleben, was auf der anderen Seite liegt: Freiheit, Unbeschwertheit, Vertrauen.

Einige werden an dieser Stelle vielleicht einwenden: »Ja, aber man kann doch nicht die Kontrolle aufgeben, das wäre doch naiv!« Naivität ist aus meiner Sicht etwas vollkommen anderes. Wenn ich beispielsweise bei schönstem Wetter zu einem mehrtägigen Segeltörn auf hoher See aufbreche, ist es natürlich vollkommen naiv, ohne Rettungsboot und Rettungsweste zu starten. Ich kann ja nicht wissen, wie das Wetter morgen oder übermorgen sein wird. Darauf zu vertrauen, dass das Wetter schön bleibt, halte ich für naiv.

Aus meiner Sicht geht es darum, die feine Grenze zwischen Vorsicht und Kontrolle zu sehen und zu wahren. Wir können uns dazu selbst beobachten: »Wann werde ich, von meiner Angst geleitet, übergriffig und übe zu viel Kontrolle aus?« Wenn wir achtsam mit unseren Gefühlen sind, dann spüren wir diese Grenze; und wir spüren genau, wann wir den Bereich vernünftiger Vorsichtsmaßnahmen verlassen und stattdessen übergriffig, übervorsichtig und misstrauisch werden. Dann kostet alles viel Kraft und Energie und beeinträchtigt unser menschliches Miteinander.

1.2.2 DEIN MENSCHENBILD: WIE SIEHST DU DICH UND ANDERE?

Wie siehst Du Dich selbst und andere Menschen? Das ist eine spannende Frage, die vollkommen wertneutral betrachtet werden kann. In dieser Frage gibt es kein richtig oder falsch; vielmehr gibt es situativ bedingte Vor- und auch Nachteile.

Die Frage nach unserem eigenen Menschenbild hilft uns, einen Schritt auf dem Weg zu neuem Vertrauen zu gehen.

Wenn ich andere Menschen betrachte, gehe ich dann erst mal davon aus, dass sie mich alle betrügen wollen? Vielleicht denke ich so etwas wie »Puh, ob ich dem wohl vertrauen kann? Ich glaube, da gucke ich lieber dreimal hin. Ich weiß zwar, dass nicht alle Menschen Betrüger sind, aber irgendwie sind auch nicht alle Menschen so ganz okay.« Oder betrachte ich andere Menschen und denke mir:

»Ach, das passt schon. Die meisten Menschen sind okay und die paar Vollidioten, die da draußen rumlaufen, interessieren mich nicht.«

Das sind erst einmal nur zwei verschiedene Betrachtungsweisen derselben Wirklichkeit. Keine der beiden ist immer richtig oder immer falsch, keine ist per se gut oder schlecht. Und doch bestimmen diese beiden Sichtweisen fundamental, ob ich anderen Menschen vertrauen kann oder nicht. Vertrauen ist eine Entscheidung. Diese Entscheidung wird aber nicht rational getroffen; sie bestimmt sich dadurch, wie ich andere Menschen betrachte.

An dieser Stelle sind Bewertungen in Kategorien wie »gut« und »schlecht« nur wenig hilfreich. Stattdessen bietet es sich an, von Preisen zu reden. Ich glaube nämlich, dass jede Entscheidung einen Preis hat. Es gibt keine »preislose« Entscheidung, keine kostenlose Entscheidung. Wenn ich kein Vertrauen habe, muss ich viel Energie für Abwägungen und Kontrollmechanismen aufwenden, es entstehen Reibungsverluste und Kosten. Vertraue ich, entfallen all diese Punkte. Das ist natürlich ein Vorteil. Auf der anderen Seite gehe ich das Risiko ein, dass mein Vertrauen missbraucht wird und ich den Preis im Nachhinein zahlen muss. Preise sind zu zahlen, so oder so.

Die Frage ist: Wofür entscheidest Du Dich? Wie möchtest Du auf die Menschen schauen? Und welchen Preis bist Du bereit, zu zahlen?

Kontrolle und Vertrauen sind Ausdruck eines Menschenbildes. Dieses Menschenbild kannst Du frei wählen. In jedem einzelnen Moment ist es Deine eigene Entscheidung, wie Du andere Menschen betrachtest.

1.2.3 RISIKO UND VERTRAUEN

Wenn wir das ungemütliche Gebiet der Angst analysieren, müssen wir uns auch den Begriff »Risiko« anschauen. Wäre nichts, das morgen oder in einem Jahr oder in zehn Jahren passiert, mit einem Risiko behaftet, dann könnten wir ganz einfach vertrauen. Wenn wir also das Risiko eliminieren könnten (was wir nicht können) dann fiele uns das Vertrauen leicht.

Vertrauen hängt immer mit Angst und Risiko zusammen.

Ein Zen-Meister hat einmal den weisen Satz zu mir gesagt: »Du weißt nie, was als nächstes kommt. Der nächste Morgen oder das nächste Leben.« Das mag vielleicht ein sehr rabiater Spruch sein, aber er birgt sehr viel Wahrheit und Weisheit für das Thema, das wir hier erörtern. Wir wissen eben nicht, was morgen sein wird. Oft wissen wir nicht einmal, was in der nächsten Stunde sein wird. Vielleicht schlägt unerwartet ein Meteorit ein und macht unser gesamtes Land platt. Wer weiß das schon?

Was bedeutet es nun für Dich, mit diesem natürlichen Risiko zu leben? Es bedeutet, Du kannst das Risiko als eine der zentralen Ursachen des Misstrauens anerkennen. Je größer Du ein bestimmtes Risiko einschätzt, desto größer wird auch Deine Angst. Und je größer Deine Angst, desto schwerer wird es für Dich, zu vertrauen.

Wenn wir das einmal verinnerlicht haben, ist eine der wesentlichen Grundlagen für den Wechsel vom Misstrauen zum Vertrauen gelegt. Wir können Verständnis und Empathie für all die Menschen entwickeln, die misstrauen und erkennen, welche Mechanismen in ihrem Innenleben wirken.

Nehmen wir noch einmal das Beispiel der COVID-19-Pandemie. Sie setzte ein wesentliches Thema auf die Agenda: Angst. Angst vor dem Tod; Angst, dass unser Leben nie wieder so sein würde, wie es einmal gewesen war. Dabei ließ sich beobachten, wie verschieden die Menschen mit dieser Angst umgingen. Einige wollten aus Vorsicht an strikten Maßnahmen festhalten, bis das Virus praktisch ausgerottet wäre. In China etwa verfolgte man diese »Zero Covid«-Strategie. Gleichzeitig hielten andere Menschen die Vorsichtsmaßnahmen für vollkommen übertrieben, lehnten Lockdowns ab und wollten sich auch nicht impfen lassen. Letztlich waren beide Haltungen angstgesteuert – die eine Seite hatte Angst vor der Infektion und ihren Folgen, die andere fürchtete um ihre Freiheit. Nur die aus der Angst resultierenden Handlungen waren grundverschieden. Und dann gab es noch eine dritte Gruppe: diejenigen, die trotz ängstlicher Gefühle vertrauensvoll handelten und nicht in Panik verfielen.

Angst verleitet zu irrationalen und unguten Entscheidungen, die selten Bestand haben und oft in die Irre führen. Wenn wir jedoch Entscheidungen für die Zukunft treffen wollen, sollten wir das immer vertrauensvoll tun – vertrauend in uns selbst, vertrauend in die Folgen unserer Entscheidungen. Die Vertrauensrevolution wird es uns erleichtern, diese Entscheidungen zu treffen. Entscheidungen, die Bestand haben. Deshalb ist es so wichtig, den Teufelskreis aus Angst, Risiko und Vertrauen tief in uns zu verstehen.

Ich glaube übrigens, dass sich Führungskräfte und Unternehmer, Politiker und Eltern – kurz: Menschen in verantwortlichen Positionen – gerade deshalb mit dem Thema Angst auseinandersetzen sollten.

1.3 VERTRAUEN UND VERGEBUNG

Ich habe das Wort »Vertrauen« in diesen Kapiteln oft verwendet – vollkommen selbstverständlich. Da scheint es sinnvoll, genauer hinzuschauen, wo eigentlich die Ursprünge des Wortes liegen. Also wagen wir es nun gemeinsam, tiefer zu gehen: Worum geht es beim Vertrauen wirklich?

1.3.1 BEDEUTUNG VON VERTRAUEN

Ich liebe es, die Herkunft der Worte zu betrachten. Das Wort Vertrauen kommt zu großen Teilen vom alten deutschen Wort »trauen«: den Mut zu finden, etwas zu tun. Heutzutage nutzen wir das Wort »trauen« noch in den Redewendungen: »Ich traue mich etwas«, »ich traue mir etwas zu« oder »ich traue einem anderen«. Zum Vertrauen gehört also immer auch der Mut, etwas zu tun. Interessanterweise leitet sich auch die Hochzeit, die Eheschließung, aus dem Wortstamm ab. Bis heute noch nennt man sie: die Trauung.

Als ich in das Thema Vertrauen tiefer eingetaucht bin, hat mich eine bestimmte Idee stark inspiriert und berührt. Sie stammt aus der Bibel: der sogenannte Vertrauenssprung, im Englischen »leap of faith«. Bei den Hebräern 11.1 finden wir das folgende Zitat: »Es ist aber der Glaube eine feste Zuversicht dessen, was man hofft, und ein Nichtzweifeln an dem, was man nicht sieht.« (Lutherbibel, 2017, Hebr 11:1) Die Fans der Filmreihe Indiana Jones werden dieses Bild kennen: Im Finale des dritten Films erleben wir einen unvergesslichen Vertrauenssprung. Auf dem Weg zum Heiligen Gral muss Indiana Jones eine Schlucht überwinden, die scheinbar ohne Brücke ist. Nachdem Jones einen Vertrauenssprung gewagt hat, stellt er fest, dass es durchaus eine Brücke gab. Er hatte sie nur nicht sehen können.

Immer, wenn wir vertrauen, stehen wir vor einem Sprung ins Ungewisse. Vertrauen bedeutet, einen Schritt in unbekanntes Terrain zu wagen. Es gibt keine hundertprozentige Sicherheit. Aber: Das gilt in beide Richtungen. Schließlich gibt es auch keine hundertprozentige Sicherheit, dass etwas Negatives, Unerwünschtes und Verletzendes eintreten wird.

1.3.2 EIGENE ENTSCHEIDUNG IN DER GEGENWART

Vertrauen ist am Ende immer eine Entscheidung. Sie ist nicht aus der Vergangen-heit herzuleiten, sie ist nicht aus der Erwartung der Zukunft herzuleiten, ich kann sie hier und jetzt entscheiden.

Diese Kernaussage aus Reinhard Sprengers Buch »Vertrauen führt« (2002) erin-nert mich daran, dass wir selbst die Macht haben, uns immer wieder für das Ver-trauen zu entscheiden – indem wir über Enttäuschungen in der Vergangenheit hinwegsehen und in der Gegenwart eine neue Entscheidung für das Vertrauen treffen.

Ich möchte ein persönliches Erlebnis teilen, welches Du viel-leicht schon einmal in ähnlicher Weise erlebt hast:

Nach einem meiner Coachings wollte mich ein Klient betrügen und war nicht bereit, die volle Summe für meine Leistungen zu bezahlen. Das hat mich natürlich enttäuscht und verärgert.

Ein paar Jahre später meldete sich eben diese Person erneut bei mir und bat mich um Hilfe. Ich war im Zwiespalt: Was sollte ich tun? Sollte ich der Person erneut Vertrauen schenken oder stattdessen sagen: »Nein, du hast deine Chance verspielt. Wir können leider nicht mehr zusammen-arbeiten.«?

Für beide Wege gab es gute Gründe und gute Argumente ...

Ich habe mich schlussendlich für das Vertrauen entschieden und ihm ge-holfen; allerdings nicht, ohne die Situation zuvor klar mit ihm besprochen und ausgeräumt zu haben. Damit war der Frieden in der Gegenwart für mich wieder hergestellt.

Je besser es uns gelingt, unsere Entscheidungen ausschließlich aus der gegen-wärtigen Situation heraus zu treffen und je weniger wir bei der Entscheidungsfindung in die Vergangenheit schauen, desto besser gelingt es uns auch, zu vertrauen.

Zugegeben: Das kann sehr herausfordernd sein. Denn einfach über einen Fehler hinwegsehen? Da bäumt sich vermutlich alles in uns auf und schreit vor Ungerechtigkeit.

Doch schauen wir uns einmal gemeinsam ein weiteres Beispiel an: Nehmen wir einen Staat, der vielleicht schlimme Fehlentscheidungen getroffen hat. Ich will dabei gar nicht über die Entscheidungen urteilen, die während der COVID-19-Pandemie getroffen wurden. Trotzdem würde ich sagen, dass nicht alles gut und richtig war, was auf staatlicher Seite entschieden wurde. Maskenpflicht beim Joggen im Wald? Das gehörte zu den Irrationalitäten dieser Zeit. Die Frage an uns ist nun: Sind wir bereit, über diese möglichen Fehler der Vergangenheit hinwegzusehen und dem Staat wieder neues Vertrauen zu schenken?

Wenn wir über diese Entscheidungen für oder gegen das Vertrauen nachdenken, können wir spüren, wie spirituell der Begriff »Vertrauen« in uns wirkt. Vertrauen ist eigentlich eine Frage der Seele, nicht des Verstandes. Die Antwort auf die Frage ist ein Gefühl. Mit unserem Verstand können wir zwar Pros und Contras abwägen, doch in Form einer vergleichenden Excel-Tabelle werden wir die Frage nach dem Vertrauen nie klären können. Vertrauen ist eine Entscheidung des Herzens. Es fragt uns, ob wir in der Lage sind, über vergangene Fehler hinwegzusehen und wieder in die Zukunft zu schauen. Es ist an unseren Herzen, ob wir sagen können: »In der heutigen Gegenwart entscheide ich mich für das Vertrauen.« Genau das ist die wahre Revolution, um die es in diesem Buch geht: Das ist die Vertrauensrevolution.

**Es geht immer um die eigene Entscheidung in der Gegenwart:
Bin ich bereit, zu vertrauen?**

Diese Frage müssen wir immer wieder aufs Neue für uns allein beantworten. Niemand kann uns diese Frage abnehmen – weder ein Gott noch ein Partner oder die Eltern. Es ist eine Frage an uns selbst.

Chuck Spezzano sagte einmal sinngemäß zu mir: »Angst ist immer eine Fantasie von der Zukunft. Es ist eine Fantasie. Niemals werden wir wissen, ob unsere negative Erwartung zu 100 Prozent eintritt.«

Angst ist eine Fantasie über die Zukunft.

Es berührt mich jedes Mal aufs Neue, wenn ich diesen Satz höre. Er macht deutlich, wie irrational die Angst, wie irrational aber auch das Vertrauen ist. Dieses besondere Verhältnis von Vertrauen zu Angst zeigt sich an einer weiteren Stelle in der Bibel. Im Psalm 56.4 heißt es: »Wenn ich mich fürchte, dann setze ich mein Vertrauen auf dich.« (Luther Heute, Psalm 56:4) Vermutlich geht jede Form von Vertrauen mit der Idee einher, dass alles gut werden wird; dass es eine positive Sicht auf die Welt gibt und sich diese positive Sicht auch bestätigen wird.

Wenn man sich dieser tiefen Irrationalität des Vertrauens bewusst wird, öffnen sich neue Türen und Wege. Nehmen wir ein plastisches Beispiel: Nur, weil mein Partner mich 20 Jahre lang nicht betrogen hat, bedeutet es nicht, dass er es im 21. Jahr nicht doch tun wird. Oder umgekehrt: Wenn er mich dreimal betrogen hat, wird er es dann kein viertes Mal tun? Egal, wie wir es drehen und wenden: Es gibt keine Rationalisierung von Vertrauen. Es gibt keine objektiven Parameter, keine Maßstäbe, die uns als sichere Entscheidungsgrundlage dienen. Nichts und niemand kann uns sagen, ob wir jetzt vertrauen sollten oder nicht. Alles, was wir tun können, ist uns bewusst zu machen: Es ist immer ein Vertrauen-Wollen.

Auf der anderen Seite gilt: Wir können andere Menschen nicht zum Vertrauen motivieren, sondern nur inspirieren. Ich glaube, dass Motivation immer etwas Manipulatives hat. Motivation ist ein von außen kommender Impuls, der Menschen aktivieren möchte. Inspiration bedeutet dagegen, das Feuer in einem Menschen selbst zu entfachen. Ich motiviere also beispielsweise niemanden zum Zimmer aufräumen, sondern ich inspiriere ihn, dass eine ordentliche Umgebung etwas Wundervolles ist, etwas Erstrebenswertes. Diesen Unterschied zwischen Motivation und Inspiration halte ich im Kontext des Vertrauens für enorm wichtig.

1.3.3 PROJEKTION

Wenn wir den Satz hören: »Du vertraust mir nicht!«, so ist er meist als Vorwurf gemeint. Das ist allerdings eine klassische psychologische Projektion – denn gemeint ist damit vielmehr: »Du solltest mir doch endlich mal vertrauen, dann wäre ich vielleicht auch bereit, dir zu vertrauen.« Für uns Menschen ist es offenbar viel leichter, einen möglichen Fehler bei anderen zu sehen als bei uns selbst. Bevor wir jedoch mit dem Finger auf andere zeigen und ihr Verhalten bewerten, können wir unsere Beobachtungen auch als Einladung nehmen, uns einmal selbst genauer anzuschauen. Was erkennen wir dabei? Wir erkennen unsere eigenen ungemütlichen und ungesehenen Anteile im Verhalten anderer Menschen.

Im Kontext der oben beschriebenen Projektion könnte man den Satz: »Du vertraust mir nicht!« also in folgende Übersetzung bringen: »Ich vertraue mir selbst nicht und eigentlich vertraue ich hier niemandem.« Dabei haben wir doch selbst die Macht über unsere eigenen Vertrauens-Entscheidungen und sind damit vollkommen unabhängig von anderen Menschen. Die Erwartungshaltung, dass sich erst einmal die anderen Menschen ändern sollten, damit wir dann ebenfalls unser Verhalten überdenken können, verkompliziert alles. Sie verlagert die eigene Kraft gänzlich auf die Seite des Gegenübers. Denn solange die andere Person sich nicht ändert, brauche ich ebenfalls nichts zu tun: ja, ich *kann* sogar nichts tun. Dieser Mechanismus ist ein Teufelskreis, den wir im Rahmen der Vertrauensrevolution durchbrechen.

Fassen wir also noch einmal zusammen, was wir in diesem Kapitel bereits herausgefunden haben: Vertrauen ist eine gänzlich individuelle Entscheidung. Es ist eine Einladung, die wir gegenüber anderen Menschen aussprechen. Wir laden sie ein, wieder neu zu vertrauen. Wir haben die Chance, gemeinsam in das Vertrauen zurückzukehren, das Gute zu wollen und Gutes zu tun. Ob Menschen allerdings vertrauen, obliegt ausschließlich ihrem freien Willen. Keine Macht der Erde, keine Gewalt, keine Folter, keine noch so große Summe Geld kann Menschen dazu bringen, zu vertrauen – wenn sie es nicht wollen. Wir können lediglich Einladungen zum Vertrauen aussprechen und darauf hoffen und vertrauen, dass sie angenommen werden. Stellen wir uns vor, wir pflanzen einen Samen in die Erde: Wir können ihn gießen, wir können auf die Sonnenstrahlen der Sommermonate hoffen. Wenn wir

Glück haben, wächst aus diesem Samen eine gesunde, starke Pflanze heran. Ob es jedoch passiert, werden wir nie mit Sicherheit wissen können. Manchmal vertrocknet oder verkümmert ein Samen in der Erde und erhebt sich nie als neuer Baum.

Für mich ist das ein perfektes Sinnbild für die Einladung, die wir zum Vertrauen aussprechen. Wir können uns als Gärtner des Vertrauens begreifen. Wir säen für jeden Menschen, mit dem wir einen Bereich unseres Lebens teilen, einen Samen in die Erde. Wir gießen ihn und pflegen ihn, tun alles für ihn, was in unserer Macht steht. Aber dass aus diesen Samen wiederum neue Vertrauens-Pflanzen wachsen, dessen können wir uns nie sicher sein. Besonders als Unternehmer, als Führungskraft oder als Mitglied einer Regierung sollten wir fleißige Gärtner der Vertrauenssamen sein; und es als unsere wesentliche Aufgabe annehmen, Menschen zum Vertrauen einzuladen, sie immer wieder neu zum Vertrauen zu inspirieren. Welche Rahmenbedingungen, Methoden und Möglichkeit uns dabei helfen können, schauen wir uns in den nächsten Kapiteln genau an.

1.4 VORTEILE VON VERTRAUEN

Egal, wie oder wofür man sich entscheidet: Jede Entscheidung hat einen Preis. Es gibt keine Entscheidung, die völlig ohne Nebenwirkungen auskäme. Das Wort »Entscheidung« trägt es bereits in sich: Eine Entscheidung ist immer auch eine Scheidung. Wenn ich mich für etwas entscheide, dann entscheide ich mich automatisch gegen etwas anderes, und ich trenne mich davon. Genauso hat auch die Entscheidung für oder gegen das Vertrauen ihren Preis. Denn Vertrauen birgt zwar klare Vorteile – aber eben auch Risiken.

An dieser Stelle möchte ich gerne mit Dir gemeinsam einen Blick darauf werfen, welche unschätzbaren Vorteile das Vertrauen mit sich bringt. Aber auch die Effekte des Misstrauens sollen hier nicht ungesehen bleiben. Besonders interessant sind dabei die langfristigen Folgen des Misstrauens.

1.4.1 VORTEILE

Beginnen wir mit den Vorteilen: Es wird schnell deutlich, wie viel leichter und angenehmer das Leben werden kann, wenn wir uns für das Vertrauen entscheiden.

GESCHWINDIGKEIT

Einer der wesentlichen Vorteile des Vertrauens liegt in der Geschwindigkeit, die es in Dein Leben bringt. Sicher hast Du das auch schon einmal erlebt: Wenn Du Dich erst einmal für etwas entschieden hast, folgen alle weiteren Schritte fast wie von selbst.

Wenn ich vertraue, kann alles wesentlich schneller passieren.

Umgekehrt habe ich oft erlebt, dass Misstrauen das Leben brutal verlangsamen kann – weil Misstrauen gedankliche Kontrollmaßnahmen notwendig macht:

* *Darf ich die nächsten Schritte gehen?*
* *Ist es sinnvoller noch abzuwarten?*
* *Ist das Risiko zu hoch?*

Diese unzähligen inneren Überprüfungen kosten jede Menge Zeit und Energie.

Auch an dieser Stelle möchte ich auf die wichtige Grenze zwischen Vertrauen und Naivität hinweisen. Finanzentscheidungen mit hohen Verlustrisiken sollte man beispielsweise niemals fällen, ohne eine Nacht darüber geschlafen zu haben. Auch als Unternehmer treffe ich immer wieder Entscheidungen mit großer Tragweite und weitreichenden Folgen und auch dabei lohnt es sich, zunächst ein oder zwei Nächte vergehen zu lassen. Grundsätzlich gilt jedoch: Wenn ich in meinem Unternehmen die Geschwindigkeit der Abläufe erhöhen möchte, ist Vertrauen ein zentraler Faktor. Sobald sich Mitarbeiter und Abteilungen untereinander vertrauen, reduziert sich die Anzahl der Kontrollschleifen. Entscheidungen werden in dem Bewusstsein getroffen, dass man sich aufeinander verlassen kann. Eine Studie von Johannsen und Zak (2021) zeigt, dass starke Teams in Unternehmen fast immer einen hohen Vertrauensindex haben. So ist beispielsweise feststellbar, dass das Vertrauen in das Unternehmen und die Ausrichtung auf den Unternehmenszweck mit längerer Beschäftigungsdauer, größerer Arbeitszufriedenheit, weniger chronischem Stress, größerer Lebenszufriedenheit und höherer Produktivität verbunden sind. Mit zunehmendem Misstrauen verlangsamen sich dagegen die Prozesse. Entscheidungen werden herausgezögert, es braucht Unterschriften, Formulare, Zustimmungen oder Abstimmungen, um voranzukommen.

Hier ist eine Einladung für Dich: Beobachte doch einmal die Prozesse in Deiner Umgebung. Fällt Dir ein langsamer Prozess auf, wirst Du dem zugrunde liegend vermutlich eine Art von Misstrauen finden – beispielsweise in Form von zusätzlichen Kontrollschleifen, Überprüfungen oder Abstimmungen. Der größte Geschwindigkeitsfaktor im Leben ist das Vertrauen.

ENTSPANNUNG

Ein tiefes Urvertrauen, das uns sagt: »Es wird sich um alles gekümmert und alle Entwicklungen nehmen ein gutes Ende«, das reduziert Stress und schafft Entspannung. Misstrauen verursacht dagegen ein hohes Stresslevel: Wer im Misstrauen lebt, fühlt sich verspannt, der Blick auf die Welt ist von Sorgen geprägt, die Gedanken fokussieren sich auf alles, was schief gehen könnte.

Wer Vertrauen hat – in das Leben und in sich selbst – kann sich dagegen komplett dem Fluss des Lebens hingeben. So können sich die Dinge leichter auf eine gute

Art und Weise entfalten. Ist die eigene innere Haltung von Vertrauen geprägt, so ist auch die eigene Welt entspannt.

FREIHEIT

Nichts schränkt unsere persönliche Freiheit so sehr ein, wie fehlendes Vertrauen und die daraus resultierende Kontrolle. Wenn wir versuchen, nicht nur unser eigenes Leben, sondern auch das Zusammenleben mit unseren Mitmenschen beständig abzusichern und zu kontrollieren, machen wir uns unfrei.

Noch deutlicher wird dies, wenn wir uns die staatliche oder unternehmerische Ebene anschauen: In beiden Fällen verursacht Misstrauen eine überbordende Bürokratie. Ist für jede Entscheidung eine Erlaubnis nötig, schafft das eine enorme Unfreiheit. Nehmen wir wieder die ehemalige DDR als Beispiel: In dem Bewusstsein einer staatlichen Überwachung war es sicherlich schwer, sich als Bürger noch frei zu fühlen. Und diese Unfreiheit war geboren aus staatlichem Misstrauen.

Je mehr ich in der Lage bin, mir selbst zu vertrauen, desto größer ist meine persönliche Handlungsfreiheit.

Sind wir jedoch in der Lage, zu vertrauen, schenkt uns das Leben neue Freiheit. Das gilt natürlich nicht absolut: Wenn wir in einem politischen oder gesellschaftlichen System leben, das auf Misstrauen fußt, erlangen wir natürlich noch keine umfassende Freiheit, wenn wir vertrauen. Aber: Wenn wir uns selbst vertrauen, können wir in jeder Umgebung bestmöglich für uns selbst sorgen.

1.4.2 NACHTEILE VON MISSTRAUEN

Nachdem wir uns also bereits die Vorteile des Vertrauens angeschaut haben, soll es nun noch einmal ganz konkret um die Nachteile des Misstrauens gehen.

BÜROKRATIE

Kurz gesagt: Je weniger Vertrauen in der Unternehmenskultur herrscht, desto mehr Bürokratie wird zu Kontrollzwecken aufgebaut. Das kostet viel Zeit, und damit auch viel Geld. Diese Kostenpunkte tauchen in keiner Kalkulation auf. Dabei können solche internen Reibungsverluste ein Unternehmen bis in die Insolvenz treiben, obwohl das Produkt des Unternehmens vielleicht eine solide Qualität aufweist und die Kunden damit zufrieden sind. Ein hohes Maß an Bürokratie verlangsamt alle Prozesse, alle kommunikativen Abläufe – was nicht nur die Kunden und Lieferanten brüskieren, sondern auch die Mitarbeiter belasten kann. Das Ergebnis kann eine hohe Fluktuation im Unternehmen sein, mit nur wenig neuen Bewerbern auf die wiederholt frei werdenden Stellen. Vor allem langfristig ist das eine negative Folge des Misstrauens.

»COVER YOUR ASS«

Es gibt eine bestimmte Mentalität, die im amerikanischen Slang als »Cover your ass« bezeichnet wird; in Deutschland würde man vielleicht sagen: »Bewege dich nur mit dem Rücken an der Wand«.

Was genau bedeutet das? Es bedeutet: Menschen riskieren nichts mehr. Diese Mentalität findet sich besonders präsent auf der unternehmerischen Ebene: Hier fällt es Menschen zunehmend schwer, etwas Neues zu wagen – denn sie müssen mit fehlendem Vertrauen rechnen. Was tun sie also? Sie versuchen, sich selbst in Sicherheit zu bringen, indem sie mit dem Rücken an der Wand bleiben. Sie wagen es in einem Meeting beispielsweise nicht mehr, neue und mutige Ideen zu formulieren – in der Befürchtung, gegen eine Regel oder eine Norm zu verstoßen. Also: Lieber sicher unter dem Radar bleiben, als sich mutig hervorzuwagen und zu riskieren, dafür abgestraft zu werden.

Was hat nun das Misstrauen damit zu tun? Wenn wir nicht mehr vertrauen, tendieren wir dazu, nur noch unser eigenes Spielfeld sauber zu halten, auch wenn es nötig wäre, etwas Neues zu wagen. Am Ende haben wir zwar viele saubere kleine Spielfelder, aber kein gemeinsames Spielfeld mehr. Wird eine Beziehung in dieser Mentalität gelebt, muss sie irgendwann vermutlich scheitern. Beide Partner stellen irgendwann fest, dass es keine gemeinsame Vision mehr gibt, keine gemeinsame Grundlage. Das gemeinsame Spielfeld ist verschwunden, und aus der Partnerschaft entsteht nichts Neues mehr. Stattdessen versuchen beide Partner, sich selbst abzusichern.

ABTÖTEN VON INNOVATIONEN

Aus den beiden oben beschriebenen Faktoren folgt die für mich schwerwiegendste Auswirkung des Misstrauens: das Abtöten von Innovationen. Denn Innovation bedeutet, den Mut zu haben, ein neues Gebiet zu betreten. Dem wohnt grundsätzlich das Risiko inne, auf diesem neuen Gebiet zu scheitern oder Fehler zu machen. Aber das ist nur natürlich und es ist wichtig, dass Menschen dieses Risiko eingehen, um Neues hervorzubringen. Je deutlicher jedoch eine Gesellschaft oder ein Unternehmen auf Misstrauen fußt, desto seltener können die darin lebenden Menschen so mutig sein, neue Wege einzuschlagen. Denn das geht am besten, wenn wir vertrauen. In diesem Fall: wenn wir vertrauen, dass alles gut werden wird – selbst, wenn wir scheitern. Befürchten wir jedoch, für einen Fehler bestraft zu werden, so werden wir vermutlich keine neuen Wege einschlagen.

Kurz: Mutige, innovative Ideen werden aus Vertrauen geboren.

Das Abtöten von Innovationen ist ein hoher Preis, der für das Misstrauen zu zahlen ist, und das erleben wir aktuell deutlich. Wer in diesen Zeiten beispielsweise ein neues Unternehmen gründen möchte, muss lange bürokratische Wege zurücklegen. Das Silicon Valley bildet ein starkes Gegenbeispiel dazu. Dort ist die Wahrscheinlichkeit sehr viel höher, dass Menschen etwas Neues probieren und wegweisende Ideen entwickeln. Bei uns in Deutschland können wir dagegen beobachten, dass Menschen immer weniger Neues wagen – aus der Furcht, für ein Scheitern bestraft zu werden. Das ist für mich der höchste Preis des Misstrauens.

KAPITEL 2

DIE 4 WEGE AUS DER VERTRAUENSKRISE

Vertrauen – oder das Fehlen von Vertrauen – prägt beinahe jeden Bereich unseres Lebens. Es bildet somit eines der wesentlichen Fundamente des menschlichen Daseins und des menschlichen Miteinanders. Ich würde sogar sagen: Vertrauen bildet von innen nach außen die Essenz unseres Seins. Und es richtet sich mit Fragen an uns:

- *Wie schaust Du auf andere Menschen?*
- *Wie schaust Du auf die Zukunft?*
- *Wie schaust Du auf diese Welt?*
- *Wie schaust Du auf Dich selbst?*

Dieses »Wie schaust Du?« ist wie eine Filterbrille unseres Gehirns. Sie filtert die Wahrnehmung, mit der wir uns selbst und die Welt betrachten. Ein Mensch mit großem Selbstvertrauen verfügt über eine gänzlich andere Wahrnehmung als ein Mensch, dessen Leben von Misstrauen geprägt ist. Er sieht und interpretiert die Wirklichkeit anders, woraus sich wiederum andere Entscheidungen und Handlungen ableiten.

Geben wir dem Vertrauen also den Raum, der ihm zusteht, und betrachten wir das Thema gesellschaftlich, unternehmerisch, zwischenmenschlich und persönlich.

In den folgenden Kapiteln werden wir diese vier Ebenen gründlich durchleuchten. Bei der Betrachtung jeder Ebene stellen wir uns dazu vier wesentliche Leitfragen:

- *Wo stehen wir?*
- *Wie sind wir hierhin gekommen?*
- *Wo wollen wir hin?*
- *Wie kann Vertrauen hergestellt werden?*

Um die Antworten auf diese Fragen finden zu können, betrachten wir auf jeder der vier Ebenen jeweils drei Aspekte des Vertrauens: Nähe, Kommunikation und Vision. Indem wir diese Aspekte ergründen, öffnen wir die Tür, um eine Vertrauensrevolution in unseren Leben auszulösen. Und vielleicht springt dieser Funke über und erfasst uns als ganze Gesellschaft.

Schauen wir uns also zunächst an, wie diese drei Aspekte mit dem Thema Vertrauen verwoben sind.

Beginnen wir mit der Nähe. Nähe und Vertrauen sind natürlicherweise aneinandergekoppelt. Wem ich nicht vertraue, dem möchte ich nicht nahe sein. Wem ich nicht vertraue, den möchte ich nicht in meinem Leben haben. Umgekehrt verhält es sich ähnlich: Je näher ich mich einem Menschen fühle, desto stärker ist mein Vertrauen zu ihm. In diesen Zusammenhang lässt sich auch die folgende geflügelte Formulierung einordnen: »Er oder sie ist wie ein offenes Buch«. Wie ein offenes Buch zu sein, das bedeutet ja sinnbildlich: Alle Charaktereigenschaften der Person sind klar erkennbar; etwa seine Antriebe, seine Wünsche und seine Träume. Dass er oder sie »wie ein offenes Buch« ist, erleichtert es uns, dieser Person zu vertrauen. Wir haben nichts zu befürchten. Betrachten wir das Ganze einmal umgekehrt: Wenn ein Mensch sehr distanziert und verschlossen wirkt, uns das Gefühl vermittelt, ihn umgebe eine Mauer oder etwas Unnahbares – dann schwindet unser Vertrauen. Wir fühlen uns dazu aufgerufen, ganz genau hinzuschauen, um vielleicht verborgene Absichten rechtzeitig erkennen zu können, bevor sie uns gefährlich werden. Nähe ist daher eines der wesentlichen Elemente, vielleicht sogar die wesentliche Maßeinheit, für Vertrauen.

Nähe lässt sich nicht rationalisieren, ebenso wenig wie das Vertrauen selbst. Nähe wird gefühlt oder eben nicht. Nähe ist ein Bauchgefühl, das uns wie ein intuitiver Kompass anzeigt, ob das Gegenüber unverstellt, offen, ehrlich und verletzlich ist. Ist dies der Fall, können wir in uns selbst hineinhorchen, ob wir uns mit dem Gegenüber sicher und wohl fühlen. Erst dann empfinden wir Nähe – oder eben nicht.

Auch für die menschliche Zusammenarbeit ist Nähe ein wichtiges Kriterium. Je näher wir uns körperlich kommen können, desto leichter kann auch das konstruktive gemeinsame Arbeiten sein. Deswegen sage ich oft, dass Vertrauen auch in

Zentimetern gemessen werden kann. Übrigens: Daraus folgt auch, dass (schwierige) Diskussionen per Videotelefonie nur unzureichend geführt werden können. Die meisten Menschen vermeiden das ganz intuitiv und suchen für intensive Auseinandersetzungen das persönliche Zusammensein. In einer Videokonferenz sind wir uns körperlich nicht nahe, wir können Mimik und Gestik weniger leicht deuten, es entsteht eine emotionale Distanz und ein großer Raum für Missverständnisse. Dagegen lösen sich Probleme schneller auf, wenn wir sie gemeinsam in einem Raum angehen und uns offen aussprechen zu können.

Damit sind wir bereits mitten im nächsten Aspekt des Vertrauens: Kommunikation. Sie beschreibt das Bedürfnis, uns als die Menschen, die wir sind, auszutauschen. Kommunikation ist die angeborene Fähigkeit, mit anderen Wesen in Kontakt zu treten. Wir kommunizieren zwar überwiegend mit den Worten unserer erlernten Sprache, aber wir kommunizieren instinktiv auch mit unserer Mimik, unserer Körpersprache, mit dem Blickkontakt – mit allem, was wir sind. »Man kann nicht nicht kommunizieren«, wie es Paul Watzlawicks berühmt gewordenes 1. Axiom auf den Punkt bringt (Watzlawick et al., 1969, S. 53). Sobald ich einen Raum betrete, kommuniziere ich; etwa durch meine eigene Art, den Raum zu betreten, oder dadurch, wie ich die Tür schließe, wie ich mich halte und bewege, oder wie ich den Blickkontakt zu anderen Menschen suche. All das ist Kommunikation. Und zusammen mit meinen gewählten Worten führt sie dazu, dass Menschen sich mehr oder weniger leicht dazu entscheiden können, mir zu vertrauen. Offene Worte vermitteln meinen Mitmenschen den Eindruck, dass ich die Wahrheit spreche – und dass sie mir vertrauen können. Vermittele ich allerdings Zurückhaltung, so wirkt das als Impuls für meine Mitmenschen, sich ebenfalls zurückzuziehen und eher vorsichtig zu bleiben. Aus diesem Grund betrachte ich auch die Kommunikation als eine der wesentlichen Voraussetzungen für Vertrauen.

In diesem Kontext möchte ich gerne auch die Wirksprache erwähnen, also Sprache, die eine bestimmte Wirkung erzeugt, indem sie Aufrichtigkeit und vor allem Authentizität vermittelt. Wenn ich kurze Sätze bilde, die schnell und leicht erfasst werden können, erleichtere ich es meinen Mitmenschen, mir inhaltlich zu folgen und Klarheit über meine Absichten zu gewinnen. Wenn ich offen spreche, keine verbalen Hintertürchen und Verklausulierungen verwende, dann ermögliche ich es meinen Mitmenschen, mir ihr Vertrauen zu schenken – denn ich verstecke mich nicht hinter meiner Sprache. Ich verwende sie nicht als Schutzschild, sondern nutze sie für genau die Funktion, für die sie gedacht ist: um mich mit Menschen zu verbinden.

Insbesondere in der gesprochenen Sprache ist das enorm wichtig. Ich glaube, dass Politik für eine gute Kommunikation einen Sprachstil braucht, den Menschen verstehen können, ohne dass ein Übersetzer notwendig wäre. »Klartext« erleichtert Verständnis und ist somit essenziell für eine gelungene Kommunikation, das kenne ich auch aus meinem Unternehmen. Das Gegenteil davon ist das Gestammel, das sich häufig in politischen Aussagen beobachten lässt. Das Verstecken hinter Schachtelsätzen und ungebräuchlichen Wortschöpfungen wirkt unehrlich und intransparent, sodass bei den Empfängern nur Fragen zurückbleiben: »Was steckt Verborgenes dahinter? Worum geht es jetzt eigentlich?« Ehemalige Politiker wie Franz Josef Strauß, Helmut Schmidt oder Herbert Wehner beherrschten dagegen die Wirksprache. Ihre Aussagen sind legendär und begeistern sogar heutzutage noch die Menschen auf TikTok. Es gibt diesen legendären Satz von Paul Watzlawick: »Wahr ist nicht, was A sagt, sondern was B versteht« (Watzlawick et al., 1969, S. 64). Für mich ist das eine vollkommene Beschreibung von Kommunikation. Ruft die Sprache keine oder sogar eine negative Wirkung beim Empfänger hervor, ist sie nicht zielführend. Der Psychologe Marshall B. Rosenberg hat mit seinem prägenden Buch »Nonviolent Communication« (Gewaltfreie Kommunikation, 2012) beispielsweise gezeigt, dass man eine Sprache miteinander sprechen kann, die verlässlich zu einem Ziel beiträgt: dass alle Beteiligten gerne zur gegenseitigen empathischen Verständigung beitragen. Die von ihm entwickelte Sprache, eigentlich eher ein Handlungskonzept, orientiert sich an den menschlichen Bedürfnissen und rückt Empathie in den Fokus der Kommunikation. Rosenberg vertritt die These, dass eine ehrliche, offene, klare Kommunikation, an menschlichen Bedürfnissen ausgerichtet und mit Empathie gesprochen, am ehesten dazu beiträgt, dass Menschen zueinanderfinden. Dies ist ein wichtiger Baustein. Machen wir uns auf die Suche nach weiterer! Im Sinne dieses Buches suchen wir eine Kommunikation auf allen Ebenen und auf allen Wegen, sowohl schriftlich als auch verbal, die sofort erkennen lässt, worum es geht: eine Wirksprache.

Das Wort Vision ist auf den ersten Blick ein großes Wort – aber aus meiner Sicht ist auch der Blick in die Zukunft eine wichtige Voraussetzung für Vertrauen. Wie in Kapitel 1 beschrieben, war das optimistische Gefühl der Menschen schon immer eine der treibenden Kräfte des Vertrauens. Schauen wir uns einmal die Zeit des Aufbruchs in den 50er- und 60er-Jahren an: In meinem persönlichen Empfinden stand die Zeit unter dem Eindruck, es gäbe kein Limit. Wir konnten zum Mond fliegen, in Deutschland gab es das Wirtschaftswunder. Gleichzeitig ließen wir die Trümmer des Zweiten Weltkriegs und das damit zusammenhängende Elend hinter uns. Gesellschaftlich betrachtet war das eine vertrauensvolle Zeit: Die Menschen waren bereit, Risiken einzugehen und Unternehmen investierten mutig große Beträge in der Hoffnung auf eine gute Zukunft. Heute leben wir in einer anderen Wirklichkeit: Wir bemühen uns, eine positive Vision unserer Zukunft aufrechtzuerhalten; doch Politiker erscheinen uns verzagt und kaum noch willens, große Gedanken zu denken. Tagesaktuelle Taktik scheint über große Visionen zu siegen. Auch in die Entwicklung der Menschheit an sich scheinen wir das Vertrauen zu verlieren. Ein Gefühl der Zurückhaltung macht sich breit. Wir spüren, dass wir gezwungen sind, Schritte zurückzugehen. Wir spüren in uns verstärkt den Drang danach, den Rückzug ins Private, in übersichtliche und vorhersehbare Strukturen anzutreten. Gesamtgesellschaftlich scheinen wir die Zeichen und Aufgaben unserer Zeit dabei noch verdrängen und uns der Sicherheit des Privaten vergewissern zu wollen. Daraus resultiert eine »passiv resignative Haltung«, die einer Studie des Rheingold-Institutes zufolge bereits 47 Prozent der Befragten ergriffen hat – während nur noch 34 Prozent der Befragten Vertrauen in die Regierung verspürten (vgl. „Deutsche", 2023). Ähnlich ergeht es uns in unseren Beziehungen: Was ein Paar wirklich stärken und einen kann, ist eine gemeinsame Zukunft, beziehungsweise eine gemeinsame Zukunftsvision. Sei es, eine Familie zu gründen und Kinder zu bekommen, die Welt zu bereisen oder ein Unternehmen zu gründen. Solange zwei Menschen eine positive Zukunftsvision eint, wird auch Vertrauen zwischen ihnen herrschen. Und genau deshalb ist dieser dritte Aspekt für mich so wichtig: Haben wir eine Vision für die Zukunft? Wo ist sie, wie sieht sie aus? Die Antworten auf diese Fragen zeigen uns auch, wo unser Vertrauen ist.

Letztendlich geht es immer darum, wie ich die Zukunft betrachte. Mit welchem Blick schaue ich in diese Welt und in die gesellschaftlichen Entwicklungen, wie blicke ich auf die nächsten Jahre oder vielleicht sogar Jahrzehnte? Gibt es eine Vision, ist diese immer größer als ich selbst, sie betrifft das große Ganze. Eine Vision – das ist diese Idee von dem Licht am Ende des Tunnels, das sehr, sehr hell scheint und über das Alltägliche hinausgeht. Was meine ich damit? Nun, Wünsche (wie beispielsweise die nach genug Essen oder nach einem Dach über dem Kopf) können konkrete Vorstellungen sein, aber eine Vision ist mehr. Sie umfasst beispielsweise nicht nur das eigene Wohlergehen, sondern sie betrifft auch, wie es den Kindern und Kindeskindern einmal gehen wird. Es geht um die Welt an sich: Wie werden sich meine Nachkommen entwickeln, in welcher Welt werden sie leben, ebnen wir ihnen einen gangbaren Weg oder hinterlassen wir ihnen ein Trümmerfeld?

Schaut man zurück in der Geschichte, so zeichneten sich bedeutende Visionen immer dadurch aus, dass sie ein Stück größer waren als diejenigen, die sie erdachten. In der konkreten Formulierung und Umsetzung der Vision ging es vielleicht auch um Budgets, Einsparungen, Optimierungen oder irgendetwas anderes Konkretes, ja – aber es ging vor allem über diesen konkreten, überschaubaren Rahmen hinaus.

Oma Tine über den Gartenzaun

Ob die eigene Idee das Zeug zu einer Vision hat, erkennen wir am »Oma Tine über den Gartenzaun-Test« (wie ich ihn gerne nenne).

Ich stelle mir meine Oma Tine vor, die beim Unkrautjäten mit ihrer Nachbarin spricht. Ist Oma Tine in der Lage, der Nachbarin über den Gartenzaun hinweg die Vision (beispielsweise die Firmen-Vision) zu erklären?

Meine These: Die meisten aktuellen Unternehmensvisionen könnte Oma Tine gar nicht aussprechen und verstehen. Und so würde sie auch kein Vertrauen in das entsprechende Unternehmen fassen.

An dieser Stelle möchte ich betonen, dass Vertrauen aus meiner Sicht »ansteckend« ist. Dieser »Ansteckungsgefahr« liegt eine kybernetische Bewegung zugrunde; wenn eine bestimmte Anzahl an Menschen mit Vertrauen in die Zukunft schaut, kippt das ganze System ins Positive. Dass es oft nur wenig(e) braucht, um große Dinge ins Rollen zu bringen, ist auch wissenschaftlich vielfach untersucht worden. Die »Kritische Masse« war in den letzten Jahren wieder in aller Munde. Ursprünglich ein Begriff aus der Nuklearphysik, wurde er in der Soziologie und

Politikwissenschaft berühmt, weil er wissenschaftlich etwas ganz Bestimmtes aufzeigte: Nicht alle Beteiligten müssen von Beginn an von etwas überzeugt sein, um eine große Aktion durchzuführen. Es reicht aus, einen bestimmten Schwellenwert zu erreichen, um größere Menschenmassen zu erreichen und ihrerseits zum Handeln oder Neudenken zu bringen; also beispielsweise, indem kleine Gruppen viel Aufmerksamkeit erzeugen (vgl. Brohmann & Martin, 2015). Was bedeutet das aber für unsere Vertrauensrevolution? Es bedeutet: Teufelskreise können durchbrochen und endgültig ad acta gelegt werden; immer mehr und mehr Menschen können beginnen, Zuversicht zu fassen und Hoffnung zu fühlen.

Dieses Phänomen können wir ebenfalls beobachten, wenn wir uns Konjunkturzyklen anschauen: Sie sind eindeutig vertrauensbasiert. Konsum wird möglich, wenn Menschen auf die Zukunft vertrauen. Geld wird nur dann ausgegeben, wenn Menschen sicher sind, dass es ein Morgen geben wird, das vielleicht noch besser wird als das Heute. Aktuell beobachten wir das in China und in vielen anderen aufstrebenden Ländern: Die vielversprechende Wirtschaftslage ermutigt den chinesischen Staat, immer weitere Investitionen zu tätigen. China war im Jahr 2022 mit einem BIP von 17,8 Milliarden US-Dollar die zweitgrößte Volkswirtschaft der Welt. Nach Schätzungen des Internationalen Währungsfonds wird China die USA in nicht allzu ferner Zukunft von der Poleposition verdrängen (vgl. Muschter, 2023). Umgekehrt erleben wir in der Mehrheit der westlichen Länder eine deutliche Zurückhaltung im Konsum, weil das nötige Vertrauen in die Zukunft fehlt. An dieser Stelle zeigt sich die »Ansteckungsgefahr« des Vertrauens: Es funktioniert in beide Richtungen. Es gibt einen Kipppunkt, an dem plötzlich mehr und mehr Menschen an eine positive Zukunft glauben – oder eben weniger und weniger. Eindeutige Voraussagen hinsichtlich der Konjunkturzyklen sind daher nicht immer verlässlich möglich, denn die Konjunktur beruht auch darauf, wann sich wie viele Menschen mit Vertrauen oder Misstrauen »anstecken«. Am Beispiel einer Fußballweltmeisterschaft wird das besonders plastisch: Je weiter die eigene Mannschaft im Wettbewerb fortschreitet, desto intensiver werden Menschen begeistert, stecken sich mit ihrer Begeisterung an, wollen dabei sein, treffen sich zum Public Viewing, auch wenn sie normalerweise gar kein Interesse am Fußball haben. Irgendwie wollen plötzlich »alle« das Spiel sehen. Jeder will Teil davon sein, jeder will dabei sein.

Vertrauen ist ansteckend – und Misstrauen genauso.

Also: Alles beginnt mit uns selbst. Dennoch starten wir unsere Lösungssuche für die Wege aus der Vertrauenskrise ganz oben, auf der gesellschaftlichen Ebene, und arbeiten uns bis zu unserem Kern durch. Zunächst schauen wir uns an, wie Vertrauen und Misstrauen in der Regierungsarbeit und im gesellschaftlichen Miteinander wirken.

2.1 DER GESELLSCHAFTSPOLITISCHE WEG

Die Regierung eines Landes ist die verantwortliche Kraft für die Belange der Gesellschaft; sie regelt Gesetze und trifft wegweisende Entscheidungen für uns alle. Schauen wir uns also an, wie es Regierungen gelingen kann, Wege aus der Vertrauenskrise zu finden.

Wie wir es auch drehen und wenden: Unsere Gesellschaft war selten zuvor so orientierungslos wie jetzt. Seit den katastrophalen Ereignissen des Zweiten Weltkrieges und der zerrissenen Weltlage, die ihm folgte, finden wir uns nun erstmals wieder in einer Phase des gesellschaftlichen Misstrauens, der Mutlosigkeit und des Zauderns. An dieser Stelle verweise ich noch einmal auf die Studie des Rheingold-Institutes, der zufolge nur noch 34 Prozent der Befragten der Regierung vertrauen. Misstrauen prägt jede politische Gesinnung; kaum jemand glaubt noch daran, dass eine Regierung in der Lage sein kann, unser Land vernünftig durch den Sturm zu lenken. Fragt man die Menschen, wie optimistisch sie in die Zukunft blicken, ist die Antwort immer stark abhängig von den Krisen, die gerade im eigenen Land und auf der Welt herrschen. Eine Studie der Bertelsmann-Stiftung zeigt, dass Jugendliche zwischen 12 und 18 Jahren in Deutschland sich zumindest im Jahr 2022 optimistischer fühlten, was ihre eigene Zukunft anbelangt, als noch 2021 – aber nur 20 Prozent glaubten, dass die Zukunft Deutschlands besser werden wird, als sie zurzeit ist (vgl. Habich & Remete, 2023). Subjektiv empfinden wir also, dass sich unsere allgemeine Lage eher verschlimmert. Ob wir nun mit der Pandemie konfrontiert waren oder mit der Inflation, ob die Regierung dies oder jenes unternahm oder unterließ: Das Gefühl blieb – und bleibt. Überall auf der Welt brechen sicher geglaubte Handelspartnerschaften zusammen, der Welthandel wächst seit zehn Jahren nicht mehr schneller als die Weltwirtschaftsleistung (vgl. ifo-Institut, 2020), Staaten beginnen damit, protektionistisch ihre Grenzen zu schützen. In immer mehr Staaten lassen sich die Bürger davon überzeugen, dass ein Land sich an erster Stelle um sich selbst kümmern sollte. Das zeigen beispielsweise die jüngsten Wahlsiege von Geert Wilders in den Niederlanden und Javier Milei in Argentinien, genauso wie die Wahlen von Donald Trump zum US-Präsidenten im Jahr 2017 und Jair Bolsonaro zum brasilianischen Präsidenten im Jahr 2019. Diplomatische Beziehungen werden angespannter, die Verhandlung großer Themen auf internationaler Ebene immer schwieriger. Wir erleben das selbst bei uns in Deutschland:

Hier sind seit dem Jahr 2021 mit der »Ampel-Koalition« drei vollkommen unterschiedliche Parteien mit unterschiedlichen inhaltlichen Schwerpunkten an einer Regierung beteiligt, was die Regierungsarbeit deutlich komplexer macht. All dies sind für mich klare Anzeichen von gesellschaftspolitischem Misstrauen. Schauen wir uns dagegen noch einmal die 90er-Jahre an: In dieser vertrauensvollen Aufbruchsphase stiegen die internationalen ökonomischen Verflechtungen, man öffnete sich zunehmend für den Handel, was zu einer realen Steigerung des Warenexports um 86,4 Prozent in den Jahren 1990 bis 2000 führte (vgl. Bundeszentrale für politische Bildung, 2023). Denn die internationale Arbeitsteilung, die die Globalisierung ausmacht, ist schließlich im Grunde ein tiefes Vertrauen in die gemeinsame Absicht, eine bessere Zukunft zu gestalten. Das klingt vielleicht nach einer großen These und natürlich sind auch wirtschaftliche Interessen wie die Erschließung neuer Absatzmärkte mächtige Triebfedern dieser Globalisierung. Studien, wie die der sehr bekannten »Liberal Peace-Hypothese« (auf Immanuel Kant zurückgehend), argumentieren aber, dass Demokratien, die Handel miteinander treiben, wirkmächtige ökonomische Beziehungen und Abhängigkeiten eingehen. Diese minimieren schlussendlich das Risiko, dass Demokratien untereinander Krieg führen (vgl. Oneal & Russett, 1999).

Und heute? Wir haben das Gefühl, als würden die starken Zerwürfnisse innerhalb der Gesellschaft die Grundlagen unseres Handelns und Seins zerreißen. Ich beobachte, dass die Menschen zunehmend verunsichert sind, sich zurückziehen, irrational und beinahe aggressiv auf Veränderungen reagieren. In Deutschland zeigten dies beispielsweise die in ihrem Ton sehr harschen Demonstrationen gegen die Corona-Schutzmaßnahmen, die »Spaziergänge« von Pegida oder die Handgreiflichkeiten, mit denen Menschen auf die Aktivisten der »Letzten Generation« reagierten. All dies sind Kennzeichen und Symptome einer zugrunde liegenden »Krankheit«: des Misstrauens. Gelingt es uns nicht, erneut eine Atmosphäre des Vertrauens in unserer Gesellschaft zu etablieren, könnten wir, gesellschaftlich wie wirtschaftlich, einen Niedergang ungeahnten Ausmaßes erleben. Die Gesellschaft könnte sich von innen heraus weiter zerreißen und damit auch die demokratischen Freiheitsrechte in Gefahr bringen.

Deshalb beginnen wir unsere Suche nach den Wegen aus der Vertrauenskrise mit der gesellschaftlichen Ebene. »Gesellschaft« ist umfassend: Sie betrifft die Menschen an sich ebenso wie das Land, in dem sie leben. Gleichzeitig bedeutet »Gesellschaft«, dass viele Menschen gemeinsam etwas auf die Beine stellen, das über den Einzelnen hinausgeht. Oft umfängt uns jedoch ein Gefühl der Ohnmacht und Machtlosigkeit, als ob wir gar nichts ausrichten könnten auf der Welt. Aus diesem Grund ist es so wichtig, die Vertrauensrevolution gesamtgesellschaftlich und bei den politisch Verantwortlichen loszutreten. Wir müssen einen Neubeginn wagen, um das gesellschaftliche Gefüge wieder auf das Vertrauen auszurichten. Nur dann können wir es schaffen, gemeinsam die Herausforderungen unserer Zeit zu meistern und eine neue Phase des Glücks und des Wohlstands zu erreichen. Denn ich bin davon überzeugt: Als Menschheit hatten wir noch nie so gute Chancen wie jetzt, eine positive Zukunft zu gestalten. Das Internet bietet uns nie da gewesene, weitreichende Möglichkeiten der Vernetzung miteinander. Mit etwas Geduld können wir uns zu beinahe jedem Thema ein umfassendes Bild machen und darüber mit anderen in den Austausch treten. Mit der Vertrauensrevolution kann es uns gelingen, die Gesellschaft voranzubringen und politische Unterschiede zu überbrücken. Wir sitzen alle in einem Boot und es wird Zeit, dass wir das wieder spüren und unser Handeln danach ausrichten.

Wo Vertrauen und Gemeinsinn herrscht, kann man auch damit umgehen, dass Menschen verschiedene Meinungen haben und nicht in allen Punkten Einigkeit herrscht. Wichtig ist jedoch das einende Gefühl des Vertrauens. Mithilfe der Vertrauensrevolution können wir uns wieder bewusst werden, dass wir als Menschheit gemeinsam viel mehr erreichen können als es jeder Einzelne von uns allein könnte.

2.1.1 WO STEHEN WIR AKTUELL?

Das Thema Vertrauen hat insbesondere die soziologische und politologische Forschung der letzten Jahrzehnte intensiv beschäftigt. Politik, Justiz, Medien, Polizei, die öffentliche Verwaltung. All diese und weitere Institutionen stehen im Licht der Öffentlichkeit und müssen somit auch ihr Handeln regelmäßig rechtfertigen. Sinkt das gesellschaftliche Vertrauen, verliert die Partei an Stimmen, die Zeitung an Lesern, der Justizapparat an Zustimmung. Die Vertreter all dieser Institutionen haben insofern natürlich ein Interesse daran, das Vertrauen der Bevölkerung zu erhalten oder zu gewinnen. Dennoch ist immer wieder die Rede von einem generellen Vertrauensrückgang gegenüber Politik und öffentlichen Institutionen, sowohl im wissenschaftlichen Diskurs als auch in der öffentlichen Meinung. Doch trifft das wirklich zu?

Aktuelle Statistiken scheinen das auf den ersten Blick nahezulegen: Laut OECD Trust Survey Report 2021 (vgl. OECD Directorate for Public Governance, 2021, Figure 1.2) vertrauen nur etwas mehr als 4 von 10 Bürgern der OECD-Staaten ihren jeweiligen Nationalregierungen. Innerhalb der EU sieht es sogar noch dramatischer aus: 2023 gaben nur 32 Prozent der Befragten im Eurobarometer an, ihren Regierungen zu vertrauen, Tendenz sinkend (vgl. Eurobarometer 99, Grafik QA6). Solche verallgemeinernden Zahlen bieten jedoch ein verzerrtes Bild auf die tatsächliche Lage; denn naturgemäß werfen sie die verschiedenen Nationen mit ihren jeweiligen Gegebenheiten und Herausforderungen in einen Topf. Schaut man sich etwa die Zahlen des Freiheitsindex von 2022 an, der die Verhältnisse in Deutschland abbildet, zeigt sich ein differenzierteres Bild: Das Vertrauen in die Bundesregierung hat zwar gelitten, bewegt sich jedoch recht stabil um die 50 Prozent. Das Vertrauen in den Bundestag und in die Parteien befindet sich nach einem Einschnitt in den Krisenjahren 2019/2020 auf dem aufsteigenden Ast (Bundestag: 50 Prozent, Parteien: 24 Prozent) (vgl. Petersen & Schatz, 2023, S. 40, Grafik 4). Betrachtet man den oben genannten OECD-Report etwas differenzierter mit Blick auf einzelne Nationen, zeigt sich, dass in Staaten wie Finnland oder Norwegen ein hohes Vertrauensniveau jenseits der 60 Prozent herrscht, das sich vom OECD-weiten Durchschnitt drastisch unterscheidet (vgl. OECD Directorate for Public Governance, 2021, Figure 1.2). Es zeigt sich, dass der weit gefasste Blick in diesem Fall die individuellen Gegebenheiten und die durchaus signifikanten Unterschiede zwischen einzelnen Nationen verschleiert.

Diese anekdotischen Belege lassen sich auch durch aktuelle Forschung untermauern. Datenanalyst Jonathan Rauh fand für die Jahre 2003–2015 keinen statistisch signifikanten Vertrauensverlust in den europäischen OECD-Ländern, wohl aber in den USA und einzelnen EU-Staaten wie Griechenland (vgl. Rauh, 2020). Er kommt zu dem Schluss: »In den meisten europäischen OECD-Ländern hat das Vertrauen nicht abgenommen, sondern fluktuiert nur« (Rauh, 2020, S. 14). Solche Schwankungen müssen ihm zufolge stets im Kontext der aktuellen landesspezifischen Gesamtsituation betrachtet werden. Eine allgemeine Aussage darüber, dass das Vertrauen in die Politik abnimmt, lasse sich daraus nicht herleiten. Zu einem ähnlichen Ergebnis kommen van de Walle et al. (2008), die sich mit dem Vertrauen in Politik und öffentliche Verwaltung in den OECD-Ländern befassen. Auch sie erkennen auf Basis statistischer Analysen eher Schwankungen als eine universelle Abnahme des Vertrauens: »Empirisch betrachtet, gibt es kaum Belege für einen allgemeinen, langfristigen Rückgang des Vertrauens in die Regierung, wenngleich einige Institutionen Vertrauensverluste erlitten haben« (van de Walle et al., 2008, S. 61).

Es lässt sich jedoch nicht leugnen, dass Phasen schwankenden und abnehmenden Vertrauens in einzelnen Staaten massive Auswirkungen auf gesellschaftspolitische Entwicklungen haben können. Die meisten demokratischen Länder haben im Laufe des 21. Jahrhunderts individuell mit Vertrauenskrisen zu kämpfen gehabt – oder haben es noch –, die nicht nur die Politik betreffen, sondern auch andere Institutionen. Das Vertrauen in die Medien befindet sich beispielsweise sowohl in Deutschland als auch OECD-weit auf eher niedrigem Niveau: Im deutschen Freiheitsindex gaben 42 Prozent der Befragten an, sie hätten »ziemlich viel« oder »sehr viel« Vertrauen in die Medien (vgl. Petersen & Schatz, 2023, S. 39, Grafik 3), im OECD-Report schwankten die Werte jedoch zwischen dem niedrigsten Wert von 24 Prozent in Japan und dem höchsten Wert von 53 Prozent in den Niederlanden (vgl. OECD Directorate for Public Governance, 2021, Figure 2.5.).

Wie kommt es nun aber zu solchen Schwankungen im Vertrauen, sei es in Bezug auf Medien, Politik oder andere öffentliche Institutionen? Die Politikwissenschaftlerin Viktoria Kaina führt zur Beantwortung dieser Frage insbesondere die Evaluation der Performance dieser Institutionen und ihrer Eliten ins Feld (vgl. Kaina, 2008). Bürger bewerten das Verhalten von Vertretern aus Politik, Wirtschaft und Medien auf Basis ihrer eigenen Maßstäbe, die sich wiederum aus Normen, Werten, erfahrungsbasierten Erwartungen und verfügbaren Informationen zusammensetzen. Faktoren wie fachliche Kompetenz, Sozialkompetenz, aber auch die Übernahme einer Vorbildfunktion oder ethisches Handeln spielen in dieser Bewertung gleichermaßen eine Rolle. Kaina (2008, S. 414) hält fest: »Auf lange Sicht wird das Vertrauen in diese Institutionen ausgehöhlt, wenn die Vertreter – oder eher die Eliten – dieser Institutionen nicht mehr die zentralen Normen und Werte ihrer Institution repräsentieren.« Es folgt ein Teufelskreis: Je länger ein Fehlverhalten toleriert wird, umso geringer ist der Anreiz für die Vertreter einer Institution, sich an die besagten Normen und Werte zu halten, woraus wiederum eine weitere Abnahme des Vertrauens resultiert.

Neben der Performance lassen sich noch weitere Faktoren ins Spiel bringen, die ursächlich für zurückgehendes oder schwankendes Vertrauen sind. Der US-amerikanische Politikwissenschaftler Luke John Keele operiert mit dem von Robert D. Putnam begründeten Begriff des »Sozialen Kapitals« und schreibt ihm neben der Performance-Evaluation eine wichtige, ja sogar die wichtigere Rolle zu (vgl. Keele, 2007). Unter das Konzept des Sozialen Kapitals fallen Aspekte wie gesellschaftliches Engagement, Gemeinschaftsleben und Vertrauen in diese Gemeinschaft. Besteht Vertrauen unter den einzelnen Mitgliedern einer Gesellschaft sowie die Bereitschaft, miteinander zu kooperieren, wächst das Soziale Kapital. Wer sich gesellschaftlich engagiert, demonstriert damit zugleich eine gewisse Zuversicht, dass das eigene Handeln spürbaren Einfluss auf politische Prozesse nehmen kann. Wer das nicht tut, hat stattdessen das Gefühl, nichts bewirken zu können, und zieht sich weiter aus dem gesellschaftlichen Leben zurück. Dieses soziale Vertrauen (oder der Mangel daran) kann sich auf Politik und öffentliche Institutionen erstrecken. Ein Rückgang des Sozialen Kapitals geht somit langfristig auch mit einem Rückgang von Vertrauen einher. Am Beispiel der Vertrauenskrise in den USA von 1950 bis 1970 untersucht Keele den Einfluss von Performance und Sozialem Kapital auf das abnehmende Vertrauen in der Bevölkerung und kommt zu dem Schluss: »Der substanzielle Einfluss des Sozialen Kapitals ist deutlich größer als der Performance. Performance verursacht zweifelsohne die häufigen Schwankungen, die wir in der Vertrauens-Zeitreihe beobachten, aber es scheint das Soziale Kapital zu sein, das den Abwärtstrend des Vertrauens verursacht« (Keele, 2007, S. 251).

Es lässt sich also festhalten, dass das Verhalten von Vertretern öffentlicher Institutionen, die Erwartungen und Bewertungen der Bevölkerung und das Soziale Kapital einer Gesellschaft wesentlich für Vertrauensbildung bzw. Vertrauensverlust verantwortlich sind. Gerade in Zeiten von Fake News gilt es jedoch zu betonen, dass eine schlechte Performance von Eliten und die Wahrnehmung einer schlechten Performance nicht zwangsläufig dasselbe sind (vgl. van de Walle et al., 2008, S. 49–50). »Vertrauen bezieht sich auf Erwartungen, Erfahrungen und Informationen«, stellt Kaina (2008, S. 422) fest – Informationen, die etwa durch Medien verbreitet werden, haben also eine Auswirkung auf die Bewertung. Sind die Informationen falsch, können sie eine Schieflage in der Wahrnehmung verursachen.

Vertrauen ist ein zentrales Thema im öffentlichen Diskurs. Welche Rolle es im politischen Prozess jedoch spielt (oder spielen sollte), darüber ist man sich in der Forschung nicht einig. Während die einen meinen, Vertrauen sei eine wichtige Grundvoraussetzung für das Funktionieren von demokratischen Systemen (vgl. Kaina, 2008, S. 411–412), lehnen andere den Begriff in diesem Kontext ab. Der mittlerweile verstorbene amerikanische Politologe Russell Hardin sah den Kern der politischen Meinungsbildung etwa eher in Erfahrungen und Erwartungen als im Vertrauen: »Im wirklichen Leben ist es oft nicht so, dass wir einer Organisation vertrauen. Wir verlassen uns vielmehr nur auf ihre scheinbare Vorhersagbarkeit, die wir aus ihrem früheren Verhalten ableiten« (Hardin, 1999, S. 30). Daraus folgerte er, das oft heraufbeschworene Grundvertrauen in die Politik sei gar nicht notwendig bzw. könne sogar gefährlich werden, wenn es blind in die falschen Instanzen gesetzt werde. Aus Hardins Sicht stehen die meisten Bürger der Politik grundsätzlich neutral gegenüber: Sie bringen ihr weder Vertrauen noch Misstrauen entgegen, sondern entscheiden bei bestimmten Themen erfahrungs- und erwartungsbasiert, welcher Vertreter ihnen am besten für die Lösung des Problems geeignet erscheint. Verschiebt sich diese neutrale Perspektive ins Negative, muss dies Hardin zufolge konkrete Gründe haben: »Wenn das Vertrauen abnimmt, scheint die Ursache dafür am wahrscheinlichsten zu sein, dass die Vertrauenswürdigkeit abnimmt« (Hardin, 1999, S. 39).

Aus heutiger Sicht mag Hardins Schlussfolgerung fast naiv anmuten, da sie den Faktor Fehlinformation vollkommen außer Acht lässt. Jedoch demonstriert es, dass die Wahrnehmung und Deutung des Themas Vertrauen sich mit der Änderung der Ausgangslage ebenfalls verändert. Gerade in Zeiten des digitalen Wandels ist es wichtig, neue Faktoren bei der Analyse zu berücksichtigen und gesellschaftliche wie auch politische Entwicklungsprozesse einzubeziehen. Denn: Das Thema Vertrauen ist komplex und wird Soziologie und Politikwissenschaft noch lange beschäftigen.

2.1.2 WIE SIND WIR HIERHERGEKOMMEN?

Wir wollen diese Komplexität nun möglichst entwirren. Denn: Eine mögliche Ursache für die – immerhin gefühlte – Spaltung der Gesellschaft ist aus meiner Sicht das Misstrauen. Die Menschen fühlen sich jetzt offenbar weniger verstanden als noch vor einigen Jahrzehnten, was wir anhand der Intensität und des oftmals aggressiven Tonfalls der öffentlichen Diskussionen beobachten können. Gleichzeitig findet in der Kommunikation immer häufiger ein Framing statt. Dieses sozialwissenschaftliche Konzept geht auf Robert Entman zurück und beschreibt, dass Teilaspekte der von uns wahrgenommenen Realität ausgewählt und gegenüber anderen Teilen verstärkt hervorgehoben werden (vgl. Entman, 1993). Es wird also, ganz buchstäblich, ein Rahmen abgesteckt, auf dessen Inhalt wir uns konzentrieren sollen. Boulevard-Medien nutzen diese Strategie prominent, um Inhalte verkürzt darzustellen und Probleme damit entweder zu dramatisieren oder nur einen Teilausschnitt der Wahrheit zu beleuchten. Ein anderes Beispiel ist die im Interview mit »Bild-TV« am 26. September 2023 von CDU-Chef Friedrich Merz getroffene Aussage, ukrainische Flüchtlinge würden Sozialtourismus betreiben. Das fördert natürlich Schubladen-Denken und baut Barrieren auf. Boulevard-Medien freuen sich über derlei Schlagwörter und machen sie zu Schlagzeilen.

Wenn wir unter diese Oberfläche schauen und uns fragen, wie es zu diesen Entwicklungen gekommen ist, so finden wir Misstrauen. Es mangelt an Nähe, an gelungener Kommunikation und an einer gemeinsamen Vision; und die beschriebenen Verhaltensäußerungen lassen sich vielleicht unter dem verzweifelten Schrei »Versteh mich doch endlich einer!« vereinen. Schauen wir uns das nun genauer an.

MANGEL AN NÄHE

In den letzten Jahren fühlen wir eine zunehmende Distanz zwischen Bürgern und politisch Verantwortlichen. Auch Umfragen machen das nachvollziehbar: Eine Untersuchung zur Zusammensetzung des Bundestages in Bezug auf die Berufsgruppen zeigt, dass der öffentliche Dienst und Beamte dominieren (vgl. Kürschners Politikkontakte, 2023). Das entspricht jedoch keiner repräsentativen Zusammensetzung unserer Gesellschaft. In öffentlichen Diskussionen wird somit oft deutlich erkennbar, dass die Lebensrealität der Abgeordneten von der Lebensrealität der Bürger abweicht. Ein sehr aktuelles Beispiel ist etwa die Diskussion um das

»Gesetz für Erneuerbares Heizen«, das am 1. Januar 2024 in Kraft getreten ist. Am Ansatz dieses Gesetzes war sicherlich vieles richtig, denn es orientierte sich an den Notwendigkeiten, im Bausektor wesentliche Veränderungen zur Bekämpfung des Klimawandels herbeizuführen. Die Kommunikation missglückte jedoch, weil sie nicht ausreichend bedachte, was die betreffenden Menschen fühlten – die Angst, mit den unabsehbaren Kosten eines verordneten Einbaus einer neuen Heizung konfrontiert zu sein – was wiederum Stoff für zahlreiche reißerische Schlagzeilen in den gängigen Medien bot. So entstanden eine tiefe Verunsicherung und eine enorme Widerstandswelle gegen dieses Gesetz.

Ohne Frage sehen wir diese Tendenz in allen westlichen Ländern und demokratischen Systemen. Der klassische Handwerker, der Angestellte oder Sachbearbeiter: sie alle finden sich kaum mehr in den Parlamenten wieder. Dies muss natürlicherweise zu einer beständigen Sorge der Wähler führen, von den Regierungsverantwortlichen nicht mehr verstanden zu werden. Und das führt automatisch zu Distanz.

MANGEL AN KOMMUNIKATION

Eine gelungene Kommunikation setzt immer das Verständnis zwischen Menschen voraus. Wenn ich mit jemandem erfolgreich kommuniziere, dann spreche ich seine Sprache, respektiere seine Worte und spreche auch komplexe Probleme in einer Art und Weise an, die bei ihm auf Resonanz trifft. Ich spreche also in einer Weise, die es meinem Gegenüber ermöglicht, mir offen zuzuhören und mich zu verstehen. Und ich bemühe mich im Gegenzug, auch ihm offen zuzuhören und seine Standpunkte nachzuempfinden. Vertrauen bedeutet daher auch, in der Offenheit der Worte und der Kommunikation eine Brücke zwischen den Menschen zu bauen. Besteht jedoch ein Mangel an Nähe, dann kommt es auch zu einem Mangel an gelungener Kommunikation. Baue ich eine kommunikative Mauer um mich herum, scheue ich den ehrlichen Kontakt oder verweigere ihn sogar, dann wird eine gelungene Kommunikation immer unwahrscheinlicher.

Nun befinden wir uns in einem Dilemma: Sobald eine Distanz zwischen den Menschen besteht, wie beispielsweise zwischen Regierungsverantwortlichen und Wählern, gelingt auch die Kommunikation nicht mehr intuitiv. Befindet man sich zudem in einer konstanten, stressigen und relativ gnadenlosen Beobachtungssituation – wie so mancher Politiker – geht jeder Kompass für herzliche, respekt-volle und direkte Kommunikation verloren. Ich leide regelrecht mit, wenn ich Poli-tiker hilflos in Talkshows sitzen sehe. Sie wollen ohne Frage oft das Richtige und Gute, ringen aber verzweifelt und oft erfolglos nach den passenden Worten. Sie sind sich gewiss bewusst, dass jedes ihrer Worte in Echtzeit auf einer medialen Goldwaage gewogen wird, und finden sich damit unfähig, noch geradeheraus zu sprechen.

Die unerfüllte Sehnsucht vieler Menschen nach einer einfachen Kommunikation, die ein aufrichtiges Verständnis und einen echten Austausch ermöglicht, treibt viele Menschen in den westlichen Ländern in extreme Positionen. So kommt es zu Wahlerfolgen von Parteien oder deren Hauptakteuren, welche extreme Posi-tionen vertreten und die mit sehr vereinfachter Kommunikation die Menschen für sich gewinnen können. Donald Trump oder – ganz aktuell – Javier Milei als selbst-ernannter »Anarchokapitalist« in Argentinien liefern augenfällige Indizien für diese These.

MANGEL AN VISION

Die Frage: »Wohin steuert unser Land?« bewegt derzeit viele Menschen. In ge-meinsamen Diskussionen mit anderen Unternehmern, aber auch in meinem eige-nen Unternehmen erlebe ich Menschen, die tief verunsichert sind. Ihre Sorgen sind zahlreich, diffus und betreffen beinahe alle Lebensbereiche:

- *Wie lange wird der Euro noch stabil bleiben?*
- *Wird die Europäische Union in eine neue finanzielle Krise schlittern?*
- *Bekommen wir die Inflation in den Griff?*
- *Wie werden sich die Energiepreise entwickeln?*
- *Werden wir die energieintensiven Unternehmen sukzessive (an das Ausland) verlieren?*
- *Wie werden wir in Zukunft überhaupt noch unser Geld verdienen?*
- *Wie wird der Generationenwechsel im Umlagesystem funktionieren?*
- *Lässt sich die Pflege noch finanzieren, sind wir im Alter abgesichert?*

All diese und noch unzählige weitere Fragen sind aktuell unbeantwortet. Die spürbaren einschneidenden Veränderungen, wie die bitter nötige Energiewende, die beginnende Wiedererstarkung von Protektionismus durch die besprochene »My Country First«-Mentalität – von den USA über Argentinien bis in die Niederlande und vielleicht auch bald Deutschland – und der schrittweise Wandel Chinas als größtem Boomland zur größten Volkswirtschaft der Welt: All das löst eine tiefe Verunsicherung aus. Bis heute ist es der Regierung nicht gelungen, den Menschen eine große Vision zu geben, an die sie glauben können. Stattdessen blicken wir in eine Zukunft, die mit Veränderungen zu drohen scheint, auf die wir (noch) keine Antworten haben.

Wenn wir stattdessen einmal in die Vergangenheit zurückblicken, erkennen wir die Macht von Visionen. Erinnern wir uns beispielsweise an John F. Kennedy, so sehen wir einen Mann, der in den 60er-Jahren eine völlig verunsicherte amerikanische Nation durch seine Vision gestärkt und fokussiert hat: »Ich meine, diese Nation sollte sich dem Ziel verschreiben, bis zum Ende des Jahrzehnts einen Menschen auf dem Mond landen zu lassen und ihn wieder sicher zurück zur Erde zu bringen« (Deutschlandfunk, 2021). Die großen Visionen von Martin Luther King sind uns immer noch präsent, und »I have a dream« ist bis heute ein Synonym für verzweifelte Hoffnung und unerschütterlichen Glauben an das Gute im Menschen. Es braucht immer wieder diesen Funken einer großen Vision, um die Herzen der Menschen zu berühren.

Zukunftsentwicklung und Zukunftsgestaltung sind herausfordernd. Schließlich muss eine tragfähige Vision jeden einzelnen Menschen einschließen können; jeder muss im großen Gefüge seinen Platz finden. So etwas entwickelt sich nicht über Nacht. Doch ganz ohne Vision ist für niemanden ein Platz vorgesehen, und es gibt keine gemeinsame, gesellschaftliche Ausrichtung. Dieser Mangel an einer gesellschaftlichen Vision ergibt, zusammen mit dem Mangel an Kommunikation und Nähe, eine gefährliche Mischung, die bis hin zu einer gefühlten Spaltung der Gesellschaft führen kann.

2.1.3 WO WOLLEN WIR HIN?

Wenn wir uns die beschriebene Ausgangslage anschauen, müssen wir anerkennen, dass die Lösung alles andere als trivial ist. Wenn wir aus einer Misstrauenssituation eine Vertrauenssituation formen wollen, ist dies erst einmal eine Einladung. Es ist die Einladung, mutig zu sein und wieder neu Vertrauen zu fassen. Es ist die Einladung, die Wirklichkeit anders anzugehen, neue Lösungen zu finden und unbetretene Wege zu gehen. Das Aussprechen solcher Einladungen zieht sich wie ein roter Faden durch alle Ebenen hindurch: durch die gesellschaftliche, unternehmerische, persönliche und zwischenmenschliche Ebene. Vermutlich braucht es viele Einladungen, unermüdlich und immer wieder ausgesprochen, um das tief sitzende Misstrauen aufzulösen.

Gesellschaftlich gesehen wird es besonders herausfordernd, die in den letzten 20 Jahren entstandenen Gräben zu überwinden. Seitens der Regierungsverantwortlichen ist Entschlossenheit und Mut gefordert, diese Aufgabe anzugehen. Für unsere Zukunft ist das entscheidend, denn erst, wenn wir uns als Gesellschaft wieder unter einer geteilten Vision versammelt fühlen, stehen wir mit beiden Beinen auf einem soliden Fundament des gegenseitigen Vertrauens und des einenden Respekts.

Diese Aufgabe ist größer als eine Pressekonferenz oder eine Rede, in der eine Einladung ausgesprochen wird, doch wieder neu Vertrauen zu fassen. Über viele Jahre haben sich Verletzungen angesammelt und die Gräben sind, wie bereits beschrieben, sehr tief geworden. Es braucht eine langfristige Strategie, die klar formuliert und weitsichtig gedacht sein muss.

Wenn wir uns die drei Aspekte Nähe, Kommunikation und Vision anschauen, so sind alle drei für diesen gesellschaftlichen Wandel wichtig. Für die politisch Handelnden bedeutet das, eine neue Offenheit zu entwickeln und sich wieder auf Menschen einzulassen – Nähe herzustellen anstelle von »professioneller Distanz«.

Nähe zulassen – das bedeutet, direkt zu interagieren und dem Gegenüber das Gefühl zu geben, wirklich »da« zu sein. Während der Flutkatastrophe im Ahrtal im Jahr 2021 haben wir erlebt, wie verheerend die Folgen sein können, wenn Politiker nicht sofort vor Ort sind, sowohl tatsächlich als auch mit ihren aufrichtigen Gefühlen und Gedanken. Am Abend des 14. Juli 2021, als der immense Starkregen eine Flutkatastrophe im Ahrtal auslöste, war der für die Krisenintervention zuständige Landrat Jürgen Pföhler stundenlang nicht erreichbar. 136 Menschen starben in der Nacht vom 14. auf den 15. Juli. Die Staatsanwaltschaft ermittelte im Sommer 2023 gegen Pföhler wegen zu später Warnung und Evakuierung des Ahrtals (vgl. „Ex-Landrat", 2023). Innenminister Roger Lewentz ist zurückgetreten; er hatte angesichts der Bilder aus der Flutnacht geäußert, darin keine Katastrophenlage erkennen zu können (vgl. Jordan, 2023). Waren die Verantwortlichen schlichtweg überfordert oder fehlte ihnen die nötige Nähe und Empathie zu den betroffenen Menschen, um das Ausmaß der Katastrophe angemessen einzuschätzen? War es vielleicht eine Mischung aus beidem?

Nähe ist eine innere Haltung. Es bedeutet, im Herzen offen zu sein für das Gegenüber, sich einzulassen und wirklich präsent zu sein. Ob diese Art von Nähe vorhanden ist, können die Menschen intuitiv spüren. Sich zu öffnen, sich selbst verletzlich zu machen und ernsthaft zu versuchen, das Gegenüber zu verstehen: Das kann man nur tun und fühlen. Man kann es nicht behaupten oder demonstrieren. Echte Nähe ist mehr, als auf eine Imagebroschüre »Ich bin dir nah« zu schreiben oder öffentlichkeitswirksam einen Ort zu besuchen, ohne sich mit ihm zu verbinden. Echte, spürbare Nähe ist immer ein authentisches Gefühl.

Ehrlich und direkt kommunizieren: Wenn wir das gesellschaftlich erreichen wollen, bedarf es wahrlich einer Revolution. Aktuell findet ein großer Anteil der politischen Kommunikation in der politischen Talkshow statt. Ich habe den Eindruck, dass politisch Verantwortliche dort eine sehr distanzierte Redensart an den Tag legen, die viele Bürger nicht erreicht. Jeder Satz wird vorsichtig abgewogen. Dabei wird ein Teufelskreis erkennbar: Je misstrauischer untereinander gesprochen wird, desto vorsichtiger erfolgt die Kommunikation. Damit verschlimmert sich das Problem. Es ist wie »auf Eierschalen zu gehen«: bloß keinen unvorsichtigen Schritt tun, nicht das falsche Wort verwenden, nicht den falschen Satz wählen. Immer in Sorge, angegriffen oder ausgegrenzt zu werden. Genau das ist der Punkt, um den es hier geht: In der gesellschaftlichen Diskussion messen wir, vor allem medial, einzelnen Worten eine große Bedeutung bei und nehmen sie schnell persönlich. Wir konzentrieren uns zunehmend auf die Hülle der Worte und weniger auf ihren Inhalt, der vielleicht gut gemeint, aber unglücklich formuliert sein kann. Wir erleben das etwa in der Diskussion um die gendersensible Sprache, die mittlerweile jenseits von zielführend ist. Wir müssen diesen Teufelskreis durchbrechen und den Menschen wieder den Raum geben, sich frei auszudrücken. Wir müssen uns darauf konzentrieren, einander zu verstehen und zuzuhören – und uns nicht absichtlich missverstehen zu wollen. Wir müssen uns in der Kommunikation verletzlich machen und vielleicht auch die ein oder andere Verletzung auf dem Weg zum inklusiven, direkten und ehrlichen Sprechen hinnehmen. Das erfordert jede Menge Mut.

Eine einende Vision entwickeln: Hier haben wir eine ähnliche Problematik. Ukraine-Krieg, Inflation, Klimawandel und Asylpolitik – das sind nur vier von vielen Problemlagen, die mir Sorgen bereiten. Einerseits macht mir Sorgen, wie sie von einigen Menschen und Medien diskutiert werden. Andererseits macht es mir aber auch Sorgen, wie die wichtigen Maßnahmen im Kampf gegen den Klimawandel dabei gefühlt immer mehr in den Hintergrund treten. Das »Soziale Nachhaltigkeitsbarometer« und der ARD-Deutschlandtrend zeigten im Frühjahr und Sommer 2023 in einer repräsentativen Umfrage, dass die Zustimmung zu Klimaschutz und Energiewende in Deutschland immer noch hoch ist und diese Themen die Menschen weiterhin bewegen (vgl. Ehni, 2023; Wolf et al., 2023). Wie beständig und belastbar solche Umfragen sind, sei an dieser Stelle jedoch dahingestellt; denn sowohl in der öffentlichen Debatte wie auch in der Bereitschaft, persönliche Einschränkungen für den Schutz des Klimas hinzunehmen, zeigen sich Dellen. Vielleicht sind die Menschen der Sorge müde, vielleicht scheint die Herausforderung schlicht zu groß. Meine These: Es fehlt das Gegenmodell. Es wird von Zukunftsszenarien gesprochen, deren Ausgestaltungen ungewiss und von der aktuellen Lebensrealität abgekoppelt sind. Werden wir das 1,5 °C-Ziel einhalten oder nicht? Wie wird unsere Gesellschaft aussehen – in dem einen wie in dem anderen Fall? Wie können wir sicherstellen, dass sich trotz dieser anstehenden Veränderung eigentlich nichts verändert? Aus meiner Sicht bedarf es statt dieser Fragen einer viel integrativeren Kraft. Die verunsicherten Menschen brauchen klare Antworten, eine positive Vision davon, wie die Zukunft aussehen kann und wie wir dort hinkommen. Dazu braucht es eine Persönlichkeit, die Weitsicht mit Glaubwürdigkeit vereint; eine Persönlichkeit, die auch die nötige Nähe zu den Menschen fühlt und die klare Kommunikation beherrscht, um die Richtung unserer gesellschaftlichen Reise auszumalen und vorzugeben. Ohne Frage ist dies der mutigste Schritt. Denn

Zukunft ist per se ungewiss. Sich allerdings nur reaktiv von Woche zu Woche, von Monat zu Monat, von Jahr zu Jahr durchzuschlagen, ist weder eine Lösung noch eine Vision und wird das Zerreißen der Gesellschaften nicht aufhalten. Wir brauchen gemeinsame, große Visionen, an denen wir optimistisch arbeiten können.

In der Historie der Weltgeschichte finden wir zahlreiche Visionen, die Menschen und ganze Gesellschaften neu ausrichten konnten. Schauen wir uns nur die deutsche Geschichte an, finden wir beispielsweise die Nachkriegszeit mit dem sogenannten deutschen Wirtschaftswunder: Aufbruchsstimmung! Die Vision lautete: »Wir bauen jetzt ein besseres Deutschland«. Das Grundgesetz wurde geschrieben und auch wirtschaftlich ging es vorwärts. Die Schäden des Krieges wurden aufgearbeitet und Millionen von Flüchtlinge integriert. Auch in den 70er-Jahren hatten wir eine positive Phase, als Willy Brandt die dringend nötige Ostpolitik begann. Der Kniefall von Warschau am 07. Dezember 1970 ist für mich ein Sinnbild dieses Aufbruchs. Bundeskanzler Willy Brandt sank an diesem Tag am Mahnmal zum Gedenken an den jüdischen Ghetto-Aufstand von 1943 plötzlich und überraschend auf die Knie. Eine Geste, die in die Geschichtsbücher eingehen sollte, bat er doch damit um Vergebung für die Verbrechen der Deutschen im 2. Weltkrieg. Diese Geste steht für mich für ein aufrichtiges Schuldbekenntnis; sie steht aber auch für das Ende der Nachkriegszeit, für den Aufbruch in eine Zeit der Entspannungspolitik, die zum Mauerfall und schließlich zur Beendigung des Kalten Krieges führte. An all diesen Beispielen können wir ablesen, wie große Visionen Menschen beflügelten, mutig zu sein und voranzuschreiten.

Persönlich ist meine größte Sorge, dass die Gräben in unserer Gesellschaft sich zunehmend vertiefen. Aber es muss nicht so kommen, wenn wir uns mutig den Herausforderungen stellen. Dazu bedarf es eines langen Atems. Vertrauen kann man nicht einfach wieder einschalten oder herstellen. Es bedarf vieler Einladungen, wie bereits beschrieben. Es bedarf der Ausdauer, den Menschen immer wieder neu einen Weg ins Vertrauen zu öffnen. Es bedarf der Unermüdlichkeit, immer wieder zu kommunizieren: »Wir beginnen jetzt wieder neu. Wir erobern neues Territorium. Hier ist die Vision. Und ich bin hier, bei Dir und ich verstehe Dich.« So haben wir gesellschaftlich wieder eine Chance, neu durchzustarten.

IMPULS VON
SVEN JÁNSZKY

Zukunftsforscher, Speaker,
Autor, Zukunfts-Coach

Niemand von uns weiß, was die Zukunft bringen wird. Auch Zukunftsforscher können keine Garantie abgeben, sondern nur irgendwelche Wahrscheinlichkeiten aufzeigen. Doch um als Menschen – und besonders als Unternehmer – wachsen und die Zukunft wertvoll gestalten zu können, müssen wir kommenden Möglichkeiten mehr vertrauen als unseren Erfahrungen aus der Vergangenheit. Ich sage in meinen Vorträgen immer: »Wenn Sie die Zukunft nicht lieben, dann geben Sie bitte Ihre Führungsposition auf! Denn Sie werden Ihr Team in die Vergangenheit führen.«

Vielleicht fragst Du Dich jetzt: »Wie liebe ich die Zukunft?« Dazu können wir eine Menge von der Generation unserer Großeltern lernen. Kurz nach dem Krieg lag ihr Leben in Trümmern, trotzdem machten sie weiter – in der nimmermüden Hoffnung, ihren Kindern eine bessere Zukunft bieten zu können. Grob gesprochen haben sie dann mit dem Verbrennungsmotor die damals modernste Technologie hergenommen und damit das weltberühmte Wirtschaftswunder geschaffen.

Auch viele Menschen im Silicon Valley zeichnen sich durch diese vorwärts gerichtete Denkweise aus. Großfamilien legen ihr gesamtes Vermögen zusammen, um ihrem Sprössling ein Flugticket in dieses Tal der Hoffnung zu besorgen. Dort angekommen kämpft der Hoffnungsträger wie ein Löwe um eine Festanstellung bei irgendeinem Unternehmen, weil sein Touristenvisum vielleicht nur drei Monate gültig ist. Irgendwann gründet er sein eigenes Start-up und erforscht mit großer Leidenschaft die Verbrennungsmotoren unserer Zeit – vielleicht KI oder eine ähnlich heiße Technologie. Und warum das alles? Weil auch er den Möglichkeiten der Zukunft mehr vertraut als seinen bisherigen Lebenserfahrungen.

Hier in Europa scheinen vor allem die jüngeren Generationen verlernt zu haben, der Zukunft zu vertrauen. Die Energiekrise zum Beispiel wird hier meist nur als riesiges Problem diskutiert. Und im Silicon Valley? Wo wir Europäer vor allem einen Energiemangel sehen, sehen die Menschen dort neue Energiequellen – und sind mit der Kernfusion auf dem besten Weg, eine nahezu unerschöpfliche Energiequelle für die Menschheit zu erschließen! Zu jedem Problem gibt es Lösungen. Die Frage ist nur, aus welcher Perspektive Du draufschaust – und wem Du vertraust.

Vielen Menschen ist nicht bewusst, dass wir das Wort »Vertrauen« für zwei völlig unterschiedliche Dinge verwenden. Einmal ist Vertrauen Ausdruck einer zwischenmenschlichen Emotion – zum Beispiel, wenn ein Mensch Dir sagt: »Ich liebe Dich und vertraue darauf, dass Du es gut mit mir meinst.« Diese kostbare Art des Vertrauens lässt sich gegen kein Geld der Welt aufwiegen – Du bekommst es von Deinem Gegenüber als Ausdruck seiner Hingabe geschenkt. Für die andere Art des Vertrauens hingegen, nämlich Vertrauen als Ergebnis von erfüllten Erwartungen, musst Du hart arbeiten!

Stell Dir zum Beispiel vor, Du möchtest Dein Geld gewinnbringend anlegen. Also gehst Du zu zehn Finanzberatern, denen Du allesamt dieselbe Aufgabe stellst: binnen zehn Monaten mehr aus Deinem Geld zu machen. Jeden Monat prüfst Du, wie gut die einzelnen Berater abgeschnitten haben. Und nun lass uns annehmen, dass ein und derselbe Berater in jedem Monat die erfolgreichste Anlagestrategie fährt. Dieser Berater erfüllt Deine Erwartungen offenbar am besten, weshalb Du nach Ablauf der Testphase guten Gewissens sagen kannst: »Ihm vertraue ich künftig mein Geld an, die anderen neun Berater können nach Hause gehen.«

Diese zweite Art von Vertrauen hat nichts mit Zuneigung oder gar Liebe zu tun, und trotzdem verwenden wir genau das gleiche Wort dafür. Das kann nach meiner Erfahrung dazu führen, dass Menschen beim Thema Vertrauen komplett aneinander vorbeireden. Zum Beispiel höre ich regelmäßig von meinen Klienten: »Unser Geschäftsmodell basiert auf Kundenvertrauen - und das verändert sich überhaupt nicht!« Ein Blick hinter die Kulissen offenbart jedoch, dass sich das

Kundenvertrauen signifikant ändert, weil es nämlich um Vertrauen basierend auf erfüllten Erwartungen und nicht um ein emotional verlässliches Vertrauensgefühl geht!

Lass mich nochmal zum Beispiel der KI zurückkehren, um den Unterschied zwischen den beiden Arten von Vertrauen zu verdeutlichen. Wenn es um Vertrauen als Ausdruck erfüllter Erwartungen geht, werden wir mit ziemlicher Sicherheit bald Geräten mit künstlicher Intelligenz mehr vertrauen als anderen Menschen. Warum? Weil diese Geräte unsere Erwartungen in Bezug auf konkrete Alltagsfragen wie »Welcher Autoreifen passt am besten zu meinem Fahrzeug?« optimal erfüllen können. Bei Vertrauen hingegen, wie wir es in Liebesbeziehungen erleben, hat künstliche Intelligenz keinerlei Mehrwert. Warum? Weil KI-Systeme keine Gefühle haben und darum keine emotionale Vertrauensbeziehung zu Dir aufbauen können. Bei allem Vertrauen, dass ich in zukünftige technologische Entwicklungen habe, mag ich die Idee, dass es letztlich uns Menschen vorbehalten bleibt, es aus tiefstem Herzen gut miteinander zu meinen.

2.1.4 WAS KANN EINE REGIERUNG TUN, UM VERTRAUEN AUFZUBAUEN?

KOMMUNIKATION UND WIRKSPRACHE

Ich glaube, viele Menschen unterscheiden gar nicht in erster Linie, ob gute oder schlechte Nachrichten aus dem politischen Geschehen kommen; viel wichtiger ist, wie klar sie kommuniziert werden. Das Ziel der politisch Handelnden sollte daher sein, wirksame Worte und verständliche Sätze zu verwenden. Eine empathische, ehrliche und klare Sprache ist der Schlüssel. Das zeigt auch die bereits erwähnte Popularität »alter Politiker« wie Helmut Schmidt, Franz Josef Strauß oder Herbert Wehner auf TikTok. Die Menschen kommentieren die alten Aussagen mit Sätzen wie »Das waren wenigstens noch Leute, die vernünftig kommunizieren konnten« oder »Das waren Leute, die Klartext redeten. Man hatte das Gefühl, die sagen, worum es geht.« Das ist der erste wichtige Punkt zur Veränderung.

Vor vielen Jahren war ich auf einem Seminar von Tony Robbins und habe dort eine Geschichte darüber gehört, wie der Kalte Krieg zu Ende ging. Sie hat mich sehr berührt, und deswegen möchte ich sie an dieser Stelle mit Dir teilen. Bekannt ist, dass der Kalte Krieg ein Jahr nach dem Fall der Mauer formell beendet wurde. Doch Tony Robbins berichtete uns bei diesem Seminar von seinen eigenen Erfahrungen. Er hatte damals die Gelegenheit, Zeit mit Präsident Gorbatschow zu verbringen und fragte nach, wann genau, mit welchem Moment, der Kalte Krieg aus seiner Sicht geendet hatte. Die Antwort lautete: als die »Verteufelung« endete. Gorbatschow benannte dazu einen konkreten Moment klarer Kommunikation und Nähe: Der amerikanische Präsident Ronald Reagan sei damals in einem hitzigen Gespräch über die Systemfrage (»Evil Empire«) mit Gorbatschow aufgestanden, einige Schritte weggegangen, um dann wieder auf ihn zuzugehen und ihm die Hand mit folgenden Worten hinzuhalten: »Hi, my name ist Ron! Can I call you Mikhail?« Gorbatschows Stimmung und Wesen hellten in diesem Moment eindrücklich auf, beide lachten herzlich. Als Reagan anschließend nachlegte mit »You need to bring some Russian children to America!«, brach das Eis endgültig. In diesem Moment begann eine neue Ära der Zusammenarbeit.

NÄHE ERSCHAFFEN

Was können die politischen Akteure außerdem tun? Ein Gefühl der Nähe erschaffen. Die Menschen dürfen doch spüren, dass auch die Politiker fühlende Wesen sind. Auch Politiker haben ein Leben zu bestreiten, sie wissen, wie Menschen fühlen und wie Beziehungen laufen und werden nicht nur in einer fernen Großstadt vom Staat gut versorgt. Das darf wieder spürbar werden! Natürlich ist das ein (Bauch-) Gefühl, das sehr schwer absichtsvoll zu erzeugen ist. Es setzt voraus, dass die politisch Handelnden den Mut haben, sich nahbar und verletzlich zu zeigen, dass sie ehrlich kommunizieren und nicht mehr »auf Eierschalen« laufen. Doch das würde sich lohnen! Denn wenn eine Kommunikation auf Basis von Nähe und Nahbarkeit gelingt, kann auch eine Vision der Zukunft klar und offen kommuniziert werden. So kann wieder Vertrauen aufgebaut werden – von Mensch zu Mensch, von Politiker zu Wähler und andersherum. Wird auf diese Weise kommuniziert, dann erlangen Menschen eine ganz neue Klarheit darüber, wohin die gemeinsame gesellschaftliche Reise geht – selbst, wenn sie einmal durch ein tiefes Tal führt. Einige hervorragende Beispiele habe ich bereits zuvor genannt, aber drei für mich legendäre Beispiele möchte ich an dieser Stelle als Inspiration teilen.

Zunächst die Flutkatastrophe von Hamburg in den 60er-Jahren: Helmut Schmidt als Bürgermeister hatte damals entschlossen gehandelt und klar kommuniziert. Es gab eine brutale Flutkatastrophe in Hamburg, die Deiche brachen und das Wasser stand überall in der Stadt, auch in den Vororten. Das Leben von Tausenden von Menschen war bedroht. Helmut Schmidt kam morgens in sein Büro und setzte sich sofort mit der Presse in Verbindung, gab Interviews und erklärte schonungslos die Lage. Dabei verband er jede seiner Aussagen mit einer klaren Handlungsanweisung. Im Nachhinein beschrieb er das so: »Ich habe die alle einfach selbst angerufen oder mit Funksprüchen oder Fernschreiben in Bewegung gesetzt. Ich habe gesagt: ‚Sie müssen Hubschrauber schicken, Sie müssen Pioniere schicken, die mit Sturmbooten die Menschen von den Dächern runterholen'« („Sturmflut 1962", 2023). Oder: »Wir haben uns nicht an Gesetz und Vorschriften gehalten, wir haben möglicherweise die Hamburger Verfassung verletzt, wir haben sicherlich am Grundgesetz vorbei operiert. Es war ein übergesetzlicher Notstand« („Sturmflut 1962", 2023). Aber die Menschen hatten eine klare Perspektive. Bis heute wird Helmut Schmidt dafür gefeiert, er ist eine Legende geworden. Das ist ja eigentlich verrückt: Er war Bürgermeister, seine Stadt »soff ab« und es gab Tote. Und trotzdem hinterließ die Katastrophe einen positiven Eindruck von ihm als Bürgermeister.

Dann die bis heute legendäre »We Shall Fight on the Beaches«-Ansprache von Winston Churchill im Zweiten Weltkrieg: »Wir werden ausharren, wir werden in Frankreich kämpfen, wir werden auf den Meeren und Ozeanen kämpfen, wir werden mit wachsender Zuversicht und zunehmender Stärke in der Luft kämpfen, wir werden unsere Insel verteidigen, was immer es uns auch kosten möge, wir werden an den Dünen kämpfen, wir werden auf den Landungsplätzen kämpfen, wir werden auf den Feldern und in den Straßen kämpfen, wir werden auf den Hügeln kämpfen, wir werden uns niemals ergeben.« (We Shall Fight on the Beaches, o. D.) Er hat eine klare, leicht verständliche Sprache verwendet, die alle wachrüttelte. Er gab den Menschen in dieser akuten Situation eine klare Vision.

Von der Klarheit in dieser Kommunikation können wir heute viel lernen: In der Zeit der RAF im bleiernen Winter 1977/78 stellte Helmut Schmidt klar, dass ein deutscher Kanzler nicht mit Terroristen verhandelt. Das hat die Stimmung im Volk exakt wiedergegeben und brachte eine gemeinsame Haltung auf den Punkt. Er hat sich nicht gewunden und sich in ausweichende Formulierungen wie: »Ja, da muss man mal abwägen …« geflüchtet. Er sagte: »Während ich hier spreche, hören irgendwo sicher auch die schuldigen Täter zu. Sie mögen in diesem Augenblick ein triumphierendes Machtgefühl empfinden. Aber sie sollen sich nicht täuschen. Der Terrorismus hat auf Dauer keine Chance, denn gegen den Terrorismus steht nicht nur der Wille der staatlichen Organe, gegen den Terrorismus steht der Wille des ganzen Volkes.« (zdf heute, 2016) Klarheit kehrte in die Kommunikation ein, Ruhe in die Debatte – und die Menschen konnten auf die Verlässlichkeit der Position vertrauen. Natürlich kann man darüber nachdenken, ob man das politisch richtig oder falsch findet. Aber sicher ist: Das Vertrauen der Menschen war da. Gleichzeitig war für die RAF-Terroristen klar, dass sie in Schmidt einen ernst zu nehmenden und unnachgiebigen Widersacher hatten.

Alle drei Beispiele zeigen die Nähe der politisch Handelnden zu den Bürgern. Winston Churchill soll angeblich in London U-Bahn gefahren sein, während er in den dunklen Nächten zur Entscheidung hinsichtlich der Invasion in der Normandie gelangte. Auch wenn Historiker bezweifeln, dass das je so stattgefunden hat, hatten die Menschen dennoch das Gefühl, Winston Churchill sei einer von ihnen. Sie spürten: Er sitzt genauso im Bunker und hat die gleichen Probleme wie wir. Helmut Schmidt wiederum empfing seine Gäste zeitlebens in seinem Reihenhaus im Norden von Hamburg. Das sind klare Impulse der Nähe, ohne Wenn und Aber. Genauso klar und nahbar war ihre Kommunikation – und die Menschen haben sie verstanden.

Es ist also deutlich erkennbar, was eine Regierung tun kann, um das verlorene Vertrauen wieder aufzubauen: In allen drei Bereichen – Nähe, Kommunikation und Vision – sollten tiefgreifende Veränderungen angestoßen werden.

RITUALE

Bei gesellschaftlichen Ritualen wie Nationalfeiertagen oder gemeinsamen Sportevents können alle Mitglieder einer Gesellschaft zusammenkommen. Auch die Nationalhymne oder nationale Symboliken wie Fahnen können die Rituale stärken und sollten daher nicht unterschätzt werden. Natürlich spüre ich als deutscher Bürger, dass wir ein ziemlich ambivalentes Verhältnis zum Thema Nationalstolz haben. Die Gräuel des Nationalsozialismus stecken uns auch Jahrzehnte später in den Knochen. Die Schuld, die unsere Vorfahren über sich und uns gebracht haben, ist nicht zu relativieren. In Dänemark, Schweden und Norwegen herrscht ein gänzlich anderes Straßenbild: Alles ist voller Fahnen, Wimpeln und ähnlichen Ausdrucksweisen des Stolzes auf das eigene Land. Hierzulande ist das immer noch verpönt und wird oft mit unserer dunklen Vergangenheit in Verbindung gebracht, außer es findet gerade eine Fußball-WM statt. Ich weiß, dass viele Menschen in der aufgeklärten und modernen Zeit davon überzeugt sind, dass wir keine Symbole und Rituale des Nationalstolzes mehr brauchen. Ich sehe das anders: Ich glaube, dass diese Rituale einen wichtigen, stabilisierenden Faktor für den gesellschaftlichen Zusammenhalt ausmachen können und somit auch zu mehr gesellschaftlichem Vertrauen führen können.

Ein prägnantes Beispiel für starke gesellschaftliche Rituale ist die wöchentliche Versammlung in Omaha, USA (vgl. Empower Omaha, o. D.). Dort wurde im Jahr 2008 das Programm »Omaha 360« ins Leben gerufen, um Waffen- und Gang-Gewalt durch zivilgesellschaftliches Engagement in Form von Prävention, Zusammenarbeit, Intervention und gegenseitiger Unterstützung zu bekämpfen. Mit der wöchentlichen offenen Zusammenkunft von Bürgern, Politikern, Polizei und weiteren entscheidenden Organisationen entstand eine spürbare Nähe und gemeinsame Vision einer sicheren und lebenswerten Stadt. Nach vielen Jahren zeigte sich, dass die Waffengewalt zwischen 2008 und 2018 um 74 Prozent gesunken war. Das bedeutet für mich auch: Das Vertrauen der Bürger wächst (vgl. Windmann & Williams, 2023). Inzwischen ist das Programm auf nationaler Ebene in den USA ein Vorbild und findet viele Nachfolger in den USA.

IMPULS VON MARTIN LIMBECK

Serienunternehmer,
Geschäftsführer, Autor

Die Zahl der Unternehmens-gründungen geht deutlich zurück. Und laut einer Um-frage des Bundesverbands Mittelstän-dische Wirtschaft im Juli 2023 spielt jeder vierte Unternehmer in Deutsch-land inzwischen mit dem Gedanken, sein Business an den Nagel zu hängen oder ins Ausland zu gehen. Warum? Sicher gibt es dafür objektive Gründe wie zu hohe Steuern oder zu viele und zu kom-plizierte Auflagen. Was ich jedoch noch bedenklicher finde, ist das zwielichtige Bild, das unsere Gesellschaft gemeinhin von Unternehmern zeichnet. Achte mal darauf, wie in typischen deutschen Fernsehproduktionen selbstständige Unter-nehmer dargestellt werden. Ohne Witz, meist sind das irgendwelche dubiosen Typen, die nachts irgendwelche Unterlagen verschwinden lassen oder andere krumme Dinger drehen! Eine Studie hat z. B. ergeben, dass die Täter beim »Tatort« überdurchschnittlich oft Unternehmer sind. Noch Fragen zum Unternehmertum?

Kein Wunder, dass viele Unternehmer in Deutschland der Mut verlässt. Eine Selbst-ständigkeit ist ein energiezehrender Marathon – kann man solche Strapazen auf Dauer durchhalten, wenn man von außen immer das latente Gefühl vermittelt be-kommt, man würde sein Geld nicht auf ehrliche Weise verdienen? Nach meiner Erfahrung ist das nur möglich, wenn man als Unternehmer ein tiefes Vertrauen in sich und seine Fähigkeiten verspürt. Nur dann kann ich trotz des gesellschaftlichen Gegenwinds Freude an meiner Tätigkeit haben – im sicheren Wissen, dass die al-lermeisten Unternehmer weit besser sind als ihr Ruf. Ich kenne z. B. einige Unter-nehmer, die sich in schwachen Umsatzphasen selbst kein Gehalt bezahlen, um bei den Gehältern ihrer Angestellten keine Abstriche machen zu müssen.

Leider ist es mit diesem Vertrauen nicht so weit her in unserer Gesellschaft. Wenn ich ein Gespräch mit der Frage »Und was machen Sie so?« beginne, kommen meist Antworten wie »Ich bin Steuerberaterin« oder »Ich bin Busfahrer« oder »Ich bin Geschäftsführer einer kleinen Firma für Kosmetikartikel« – und das wars dann. Gerade bei Selbstständigen würde man doch eigentlich erwarten, dass sie stolz berichten, welche Produkte sie herstellen bzw. verkaufen und welchen ganz besonderen Kundennutzen sie bieten. Doch in unserer Kultur bekommen wir von Kindesbeinen an gesagt »Such Dir lieber einen sicheren Job!« Entsprechend haben kreativ-eigenständige Menschen häufig das Gefühl, sich mit ihren Ideen irgendwie verstecken zu müssen. Ich finde das jammerschade. Warum reden wir Menschen ein, sie seien ohne ein Studium nichts wert? Warum erklärt unseren Kindern niemand in der Schule, wie sie aus ihren eigenen Visionen ein Geschäftsmodell entwickeln und ein Unternehmen gründen können? Bei mir war das nicht so, und wenn ich über Freunde und Bekannte mitbekomme, was heute in der Schule läuft, hat sich da leider nichts geändert.

Menschen, denen von klein auf das sichere Gefühl vermittelt wird, dass sie selbst etwas auf die Beine stellen können, haben zwangsläufig mehr Vertrauen in sich und ihre Fähigkeiten. Wenn solche Menschen eine zündende Idee haben, bringen sie leichter den Mut auf, beispielsweise ihre Festanstellung aufzugeben und sich ins Wagnis einer Unternehmensgründung zu stürzen. Nach meiner Erfahrung sind das entweder Menschen, die aus Unternehmerfamilien stammen, oder das genaue Gegenteil, also z. B. Kinder von Beamten, die nun unbedingt die »andere Seite« kennenlernen möchten. Auch für mich war im Grunde meines Herzens immer klar, dass es für mich nichts anderes geben kann, als erst mal Verkäufer und dann eben Unternehmer zu werden.

Was wären wir ohne Vertrauen? Manche Menschen vertrauen auf einen Gott, andere auf die Weisheit früherer Heiliger. Wieder andere Menschen vertrauen auf das Universum. In allen Fällen läuft es auf dasselbe hinaus: Kann ich mich dem Fluss des Lebens anvertrauen? Kann ich darauf vertrauen, dass alles, was mir geschieht, seine Richtigkeit hat?

Ich persönlich finde die »Law of Attraction«, also das Gesetz der Anziehung, sehr plausibel: Wenn ich meine Gedanken auf ein Ziel ausrichte, ist die Wahrscheinlich-

keit viel größer, dass ich das Ziel tatsächlich erreiche. Dafür braucht es Vertrauen – in mich selbst und darin, dass das Universum es gut mit mir meint. Doch es braucht noch eine weitere Zutat: Denn was hilft mir die beste »Attraction«, wenn ich nicht in die »Action« komme? Vertrauen und Handlungsbereitschaft – das sind für mich die beiden zentralen Eigenschaften von verantwortungsbewussten Unternehmern. Ich glaube, dass wir mehr solcher Menschen in unserer Gesellschaft brauchen: Menschen, die nicht nur an sich selbst denken, sondern ein aufrichtiges Interesse haben, die Welt nach vorne zu bringen.

In Deutschland beobachte ich oft, dass Menschen auf die Regierung oder die äußeren Umstände schimpfen, statt Verantwortung zu übernehmen und sich aktiv für eine Sache einzusetzen. In dieser Hinsicht sind viele Unternehmer gute Vorbilder, denn sie stehen in einer ganz besonderen Verantwortung – für sich selbst, aber auch für die Gesellschaft. Ich glaube, dass ehrbare Unternehmer mehr positive Veränderungen bewirken können als z.B. Politiker. Diese Art des unternehmerischen Verantwortungsgefühls muss in unserer Gesellschaft gestärkt werden. Wir müssen z.B. wieder Verantwortung übernehmen, damit unsere Kinder eine bessere Schulausbildung erhalten. Und hier schließt sich der Kreis zum Vertrauen: Denn das schaffen wir nur, wenn wir alle an uns selbst glauben und uns nicht zu sehr von äußeren Meinungen beeinflussen lassen.

Deshalb ist mein Credo: Vertraue Dich dem Leben an und nimm den Rest mit Humor. Denn am Ende kommst Du sowieso nicht lebendig davon.

2.2 DER UNTERNEHMERISCHE WEG

In meiner persönlichen Wahrnehmung waren die 80er- und 90er-Jahre in Deutschland von einem starken Zusammenhalt zwischen Arbeitnehmern und Unternehmern geprägt und von einem grundsätzlichen Vertrauen, dass gemeinsam alles zu schaffen ist. In diesem Bewusstsein durchlebten wir Phasen von Rezessionen und wirtschaftlichen Rückgängen und waren gemeinsam in der Lage, Lösungen zu kreieren. Wir überwanden die hohe Arbeitslosigkeit und gingen in neue Wachstumsphasen über. Dieses Modell einer sozialen Marktwirtschaft mit gegenseitigem Respekt und Vertrauen, so mein Eindruck, wurde weltweit immer wieder bewundert und anerkannt.

Doch mittlerweile hat dieses Modell Risse bekommen. Dafür ist unter anderem der gesellschaftliche Wandel verantwortlich: Wir haben beispielsweise mit dem Homeoffice, der Remote Work und der Beschäftigung von Freelancern neue Strukturen der Arbeit und neue industrielle Schwerpunkte. Die sogenannte Schwerindustrie, die die deutsche Wirtschaft bis in die 80er-Jahre geprägt hat, bildet heute nur noch einen kleinen Teil der deutschen Unternehmenslandschaft. Wir leben nun in einer Dienstleistungsgesellschaft mit viel flexibleren, gleichzeitig aber auch besser ausgebildeten Menschen, die Fragen stellen. Und wenn ein Unternehmen nicht in der Lage ist, diese Fragen zu beantworten, dann bröckelt das Vertrauen.

Wenn das Gefühl entsteht, dass wir nicht mehr an einem Strang ziehen und nicht mehr gemeinschaftlich daran arbeiten, wirtschaftlich erfolgreich zu sein, dann entsteht gegenseitiges Misstrauen. Immer mehr Menschen, so ist mein Eindruck, sind aufgrund der wirtschaftlichen Entwicklung verunsichert und begegnen dem marktwirtschaftlichen, freiheitlichen System mit Skepsis. Das MDR-Projekt »DNA des Ostens« (vgl. Hoffmann, 2023) veröffentlichte kürzlich Analysen, die aufzeigen: Geschätzte 84 Prozent der nach dem Mauerfall in den neuen Bundesländern Geborenen empfinden dort ein sehr starkes Zusammengehörigkeitsgefühl. Bei älteren Jahrgängen sind es zwischen 71 und 75 Prozent. Ob das etwas mit der oft zitierten »Ostalgie« zu tun hat oder sogar mit einem Wunsch, den Sozialismus zurückzubekommen, lässt sich an dieser Stelle nicht beantworten – zu vielschichtig und komplex ist diese Thematik. Relativ sicher ist aber: Diese Art von Nostalgie hätte 1989 beim Fall der Mauer sicher niemand erwartet. Damals ging man schlicht davon aus, dass die marktwirtschaftliche Ordnung »gewonnen« hat und der Sozialismus an sein natürliches Ende gekommen war. Jetzt beginnen die Menschen scheinbar auch wieder, Marx zu lesen – denn sie meinen: »So frei sollte es nicht weitergehen, denn ich vertraue den Unternehmen und dem Unternehmertum nicht mehr. Es wäre besser, alles gesetzlich zu regeln und den Staat eingreifen zu lassen.« Ich glaube, diese Haltung ist tödlich für Innovationen und somit für die wirtschaftliche Entwicklung. Denn beides braucht Vertrauen in die Unternehmen – und das Vertrauen darin, dass diese Unternehmen angetreten sind, diese Welt zu einem besseren Ort zu machen.

Wie können wir also dieses Vertrauen wiederherstellen? Beginnen wir mit der Ausgangslage.

2.2.1 WO STEHEN WIR?

Über viele Jahrzehnte haben wir unsere Unternehmen kundenorientiert gestaltet. Sicher, es gibt auch Unternehmen, die stattdessen ihre Aktionäre und Shareholder an die Spitze setzen. So oder so: An die eigenen Mitarbeiter wird frühestens an zweiter Stelle gedacht. Diese Einstellung führt, meines Erachtens, zu schlechteren wirtschaftlichen Ergebnissen und zu einem Vertrauensverlust auf der Seite der Mitarbeiter. Diese fühlen, dass sich das Unternehmen nicht an ihren Bedürfnissen orientiert, sondern zuerst am Aktionär oder am Kunden.

Zudem erlebe ich eine zunehmende Verwirrung hinsichtlich der Aufgaben der Unternehmensleitung. Wenn wir Unternehmen betrachten (insbesondere Aktienunternehmen), so sehen wir folgendes: Die Unternehmensleitung hat mit dem restlichen Unternehmen kaum noch etwas zu tun. Ich könnte hier einige Beispiele von Unternehmen anführen, deren Führungskräfte keine Gespräche mit den Kunden führen, nie in der Produktionshalle zu sehen sind und keinen Kontakt zu den Mitarbeitern suchen. Die gesamte Kommunikation läuft über E-Mails oder andere distanzierte Kanäle, sogar Kündigungsgespräche werden per Telefon oder E-Mail geführt.

Insofern hat sich auch die kommunikative Ebene in den Unternehmen verändert. Zwar sind die Führungskräfte durch ihre universitäre Ausbildung fachlich gut aufgestellt, doch Klartext zu sprechen gelingt nur den wenigsten. Viele Führungskräfte haben sich eine weiche Sprache angewöhnt, um sich unangreifbar zu machen. So fällt es Mitarbeitern schwer, Vertrauen zu fassen, denn sie können kaum noch einschätzen, woran sie sind.

Auch die vereinende Kraft einer Unternehmensvision geht zunehmend verloren, stattdessen werden seelenlose Imagebroschüren mit generischen Texten und austauschbaren Stockfotos gedruckt. Mit diesem Öffentlichkeitsmaterial können sich die Mitarbeiter nicht identifizieren, es liegt unangetastet in den Schränken – und die Mitarbeiter wissen nicht mehr, wo das Unternehmen mithilfe ihrer Unterstützung eigentlich hinwill.

Ein Problem ist auch die stetig wachsende Größe vieler Unternehmen. Bei jeder großen Gruppe von Menschen bedarf es einer sehr bewussten Auseinandersetzung mit den Punkten Nähe, Kommunikation und Vision. In der (Sozial-)Psychologie gibt es zahlreiche Studien zu allen Spielarten von Intra- und Inter-Gruppendynamiken. Ein bekannter psychologischer Effekt unter ihnen ist der sogenannte »Ringelmann-Effekt«: Er belegt das Phänomen, dass eine zunehmende Gruppengröße mit unterproportional abnehmender individueller Leistung einhergeht – später auch »soziales Faulenzen« genannt. Das kann damit zusammenhängen, dass die Gruppe ab einer gewissen Größe leicht in Untergruppen zerfällt. Es ergeben sich widerstreitende Dynamiken, das übergreifende einende Gefühl schwindet. Deshalb gilt es gerade bei großen Unternehmen mit vielen Mitarbeitern (oder sogar mit vielen Standorten) sehr bewusst mit den Themen Nähe, Kommunikation und Vision umzugehen.

Nehmen wir das also zusammen: Wir haben eine distanzierte Führung, die unklar kommuniziert und kaum noch eine Vorstellung davon hat, was eine berührende Vision wirklich ausmacht …

Ich glaube, dass wir Menschen evolutionär nach einer Konstante streben – und das ist die Verbundenheit durch Vertrauen. Dazu werde ich im Kapitel 2.3.1 »Der Weg über Beziehungen – Wo stehen wir?« noch näher eingehen. Fehlt Vertrauen in den Unternehmen, dann kann diese Verbundenheit dort nicht mehr erlebt werden. Wenn wir diesen Pfad des Misstrauens weitergehen, wird sich immer mehr bewahrheiten, was Oscar Wilde so treffend beschrieb: »Heute kennt man von allem den Preis, von nichts den Wert.«

2.2.2 WIE SIND WIR HIERHERGEKOMMEN?

MANGEL AN NÄHE

Der stereotype Unternehmertypus der 50er- und 60er-Jahre, der selbst in den Hallen unterwegs war und jeden Mitarbeiter persönlich kannte, ist, meiner Erfahrung nach, fast vollständig aus der deutschen Unternehmenslandschaft verschwunden.

Ich kenne das noch von meinem Vater und meinem Großvater: Beide wussten, wo die Kinder ihrer Mitarbeiter geboren wurden, sie kannten Ehepartner und Familienmitglieder, sie waren im Bilde darüber, wie es den Mitarbeitern ging und hatten im Überblick, wessen Ehefrau im Krankenhaus lag. Ein solches Interesse füreinander ist enorm wichtig, wenn Nähe entstehen und Vertrauen aufgebaut werden soll. Aktuell sind die Führungsetagen vieler Unternehmen eher vom Managertypus geprägt, der weit weg von den anderen Mitarbeitern auf einer eigenen Etage am Schreibtisch sitzt. Führung wird distanziert gelebt, nahbare Gespräche mit den Mitarbeitern finden kaum noch statt. Bei den Mitarbeitern entsteht so das Gefühl, nur noch eine Personalnummer zu sein, ein Spielball der Führung.

MANGEL AN KOMMUNIKATION

Wie bereits besprochen, kann Sprache ein wichtiges Mittel zum Vertrauensaufbau sein – oder eine Barriere. Viele Unternehmer nutzen Worte, die sie während ihres Studiums gelernt haben, etwa »Return on Investment«; diese beschreiben zwar differenziert, worum es dem Unternehmer in der Sache geht, schaffen jedoch keine Verbindung zu den Mitarbeitern. Statt in einer klaren, verständlichen und nahbaren Wirksprache, wird distanziert und kühl gesprochen. Insbesondere dann, wenn ungemütliche Wahrheiten ausgesprochen werden müssen, gerät die Kommunikation hölzern. Eine solche Kommunikation trägt nicht dazu bei, dass die Mitarbeiter der Führungskraft Vertrauen schenken können.

MANGEL AN VISION

Viele Unternehmen entwickeln sich zunehmend zu ausgewachsenen Bürokratie-Komplexen. Ausufernde Kontroll- und Nachweismachismen binden Ressourcen und kosten die Kraft aller, Mitarbeiter wie Führungskräfte. Große Visionen werden dagegen immer seltener – statt »Think big!« finden wir »klein-klein« (von einigen Ausnahmen wie etwa dem gelegentlich moralisch trudelnden Elon Musk, der nicht nur Tesla führt, sondern mit SpaceX die zurzeit stärkste kommerziell verfügbare Trägerrakete herstellt oder Steve Jobs, der Apple zu einer Weltmarke mit Kultstatus geformt hat, einmal abgesehen). Sicherlich ist nicht jeder Unternehmer ein geborener Visionär. Nichtsdestotrotz ist es wichtig, den eigenen Mitarbeitern die Vision des Unternehmens zu vermitteln, sie spürbar und greifbar zu machen. Denn nur dann sind Menschen dazu bereit, zu vertrauen und auch mal gemeinsam durch ein dunkles Tal zu gehen.

2.2.3 WAS HAT SICH VERÄNDERT?

Den beschriebenen Mangel an Nähe, Kommunikation und Vision finden wir in vielen Bereichen der Unternehmenskultur. Schließlich haben sich nicht nur die innerbetrieblichen Strukturen verändert, auch der Arbeitsmarkt ist nicht mehr derselbe wie noch in den 50er-Jahren. Aktuell ist er von einer immensen Fluktuation geprägt; anstatt sich über Jahre hinweg einem Arbeitsplatz zu verpflichten, entscheiden sich die Menschen relativ schnell dafür, woanders neu anzufangen, wenn es im aktuellen Job etwas ungemütlich wird. So gaben beispielsweise nur 13 Prozent der Befragten der EY Jobstudie Karriere 2023 an, sich ihrem Arbeitgeber sehr eng verbunden zu fühlen. Dieselbe Studie stellte fest, dass junge Angestellte eher zu einer Kündigung bereit sind als ihre älteren Kollegen; und fast jeder Dritte blickt auf mindestens einen Jobwechsel wegen seines Vorgesetzten zurück (vgl. EY, 2023). Die Menschen sind außerdem mobil, nehmen für eine vermeintlich bessere Arbeitsstelle einen Umzug in Kauf oder arbeiten remote. Auch die gesellschaftlichen Anforderungen an die Menschen werden komplexer, Familie und Beruf zu vereinen wird schwieriger und die Bindungskraft zwischen Menschen und Unternehmen nimmt ab.

Mein Gegenentwurf lautet: Wir sollten uns darauf konzentrieren, langfristig etwas gemeinsam aufzubauen. Wir sollten uns einander verschreiben, uns umeinander kümmern, uns begleiten, in allen Lebenslagen gegenseitig stärken und unterstüt-zen. Wir sollten Vertrauen entstehen und wachsen lassen, gemeinsam durch gute wie durch schlechte Zeiten gehen – denn das stärkt jede Beziehung, auch die zwi-schen Menschen und Unternehmen. Es ist ein wechselseitiger Prozess. Halten wir die Unverbindlichkeit, die Fluktuation und den Unwillen, sich einer Aufgabe oder einem Menschen wirklich zu verschreiben, dagegen, dann wird schnell klar: Das macht die Menschen auf Dauer nicht glücklich und die Unternehmen nicht erfolg-reich.

Die von mir befürwortete Langfristigkeit, Stabilität und Verlässlichkeit in der Be-ziehung zwischen Unternehmern und Mitarbeitern wird jedoch auch durch äußere Umstände erschwert. In den letzten 30 Jahren – solange ich diesen Job mache – habe ich eine deutliche Zunahme externer Regularien erlebt. Nehmen wir als pla-katives Beispiel einmal eine Weihnachtsfeier: Ich würde sehr gerne weiterhin aus-giebige, großartige und auch teure Weihnachtsfeste für meine Mitarbeiter geben, denn das ist für mich ein Ausdruck meiner Wertschätzung, wenn wir ein tolles Jahr bei Lattoflex hingelegt haben. Mittlerweile sind jedoch die Auflagen der Versteue-rung im Rahmen der geldwerten Vorteile so hoch geworden, dass das kaum noch möglich ist. Der Kern solcher Nachweis- und Kontrollsysteme ist Misstrauen. Und dieses Misstrauen betrifft nicht nur die Steuerfragen.

Controlling, Messbarkeit, Deckungsbeitragsrechnung, Profit-Center-Rechnung: Es mag von außen betrachtet sehr interessant sein, mit der Profit-Center-Rech-nung feststellen zu können, wie viel eine einzelne Abteilung zur gesamten Wert-schöpfung des Unternehmens beiträgt. Aber es bedeutet einen enormen Büro-kratieaufbau. Und dieser Bürokratieaufbau tauscht unter dem Strich wertvolles Vertrauen gegen interessante Datenpunkte ein. Denn wie ich schon beschrieben habe: Je mehr Bürokratie vorhanden ist, desto stärker leidet das Vertrauen.

Wir wollen heute in Echtzeit alle möglichen Informationen haben – und das ja auch aus gutem Grund. Performance, Umsatzperspektiven und wachsende Gewinne sind wichtig, sonst kann ein Unternehmen auf lange Sicht nicht erfolgreich ope-rieren. Im Kern jedoch bedeutet jeder Kontrollmechanismus ein Stück Vertrauens-verlust.

Schauen wir uns das noch etwas näher an: Mit diesen stetigen Informationsabfragen holen wir aus meiner Sicht den Wettbewerb in die Unternehmen. Wir erzeugen Reibung zwischen den einzelnen Abteilungen. Im Extremfall versucht jede Abteilung dann nur noch, mit dem Rücken an die Wand zu kommen und die eigenen Zahlen in Ordnung zu bringen – womit wir wieder bei der Formulierung »Cover your ass« wären. Wettbewerb ist jedoch das Gegenteil von Vertrauen, und mit diesem unnötigen Wettbewerb verlieren wir außerdem noch sehr viel Energie. Wenn jede Abteilung nur noch versucht, möglichst gut vor dem Controlling auszusehen, bleibt wenig Kraft für externe Konkurrenten übrig.

Für Vertrauen, für Innovation, für Inspiration brauchen wir Raum, Ruhe und Zeit. Nicht noch mehr Performance. Stattdessen beobachte ich aber, dass viele Unternehmen sehr kurzfristig orientiert sind. Sie wollen die Zahlen sauber halten, die Abschlüsse monatsweise hinbekommen. Da werden Ergebnisse hin und her geschoben, da werden Aufträge vorgezogen – Handlungen, die für das Gesamtergebnis keinen Unterschied machen, ein singuläres Monatsergebnis aber besser aussehen lassen. Das kostet Zeit und Nerven und bringt für die Gesamtvision und die Vertrauenskultur eines Unternehmens keinen Mehrwert.

Simon Sinek hat es in seinem Buch »Das unendliche Spiel: Strategien für dauerhaften Erfolg« (2019) beschrieben: Endliche Spiele, wie beispielsweise eine Partie Schach, stehen aus seiner Sicht unendlichen Spielen gegenüber. Unendliche Spiele, das sind für Sinek beispielsweise das Leben selbst, die Politik oder die Wirtschaft: Es gibt immer wieder neue Spieler, kein festlegbares Ende und die Regeln verändern sich stetig. Im Unternehmenskontext wären unendliche Spiele beispielsweise Konzepte wie: »Wir wollen das bestmögliche Produkt liefern« oder »Wir wollen die glücklichsten Kunden haben«. Unendliche Spiele schaffen Vertrauen; denn um sie zu spielen, arbeiten wir gemeinsam an etwas Großem, das über uns selbst hinausgeht. Endliche Spiele sind dagegen unsere Quartalszahlen zum Monatsende, der Deckungsbeitrag nächste Woche, der Deckungsbeitrag eines bestimmten Produktes. Nach der These von Simon Sinek haben beide Spiele ihre Berechtigung – doch in ihrer Gewichtung geraten sie zunehmend aus der Balance. Unsere Leben sind von mehr endlichen als unendlichen Spielen geprägt. Das macht Menschen dauerhaft nicht glücklich.

Wir haben also externe Einflüsse (Gesetzgeber, Auflagen, Haftungsproblematiken, Lieferketten, Gesetze) und wir haben interne Parameter (die Konzentration auf endliche Spiele, Monetarisierung, Abteilung gegen Abteilung), die den Wettbewerb in das Unternehmen tragen. Zu diesen beiden Einflussfaktoren würde ich aber noch einen dritten zählen: die bereits besprochene gesellschaftliche Ebene.

Warum? Nun, wenn mein persönliches Leben bereits durch das Misstrauen gegenüber der Regierung und der Zukunft unseres Landes geprägt ist, wenn ich Neid oder Missgunst gegenüber meinen Mitmenschen empfinde, wenn mich das tägliche Medienspektakel aufreibt und ich mich nicht als Teil eines intakten gesellschaftlichen Gefüges empfinde – dann werde ich mich schwer damit tun, ausgerechnet am Arbeitsplatz wieder Vertrauen zu fassen.

Zusammengefasst stellen all diese Faktoren eine große Herausforderung für die Unternehmensführung dar. Ich glaube daher, dass wir etwas ganz Bestimmtes wieder neu lernen dürfen: Führung muss man wollen. Wir haben uns irgendwie daran gewöhnt, dass Führung ein poliertes Schild an der Tür sein kann, ein bloßer Titel. Etwas, wofür man berufen wird, wenn man nur lange genug dabei ist. Dem ist nicht so.

Führung ist eine Wollens-Entscheidung und keine Wissensentscheidung. Nehmen wir an dieser Stelle einmal den Fußball als plastisches Beispiel: Ein Trainer muss nicht der beste Fußballer sein. Er muss einfach nur der beste Trainer sein. Genauso ist es auch in einer Firma: Hochgradig ausgebildete und geschulte Menschen sind nicht per se gute Führungskräfte. Führen ist eine Wollens-Entscheidung. Menschen mitzunehmen, ist eine Wollens-Entscheidung. Klar zu kommunizieren, ist eine Wollens-Entscheidung. Menschen eine Vision zu bieten, ist eine Wollens-Entscheidung. Teamgeist zu entwickeln, ist eine Wollens-Entscheidung.

Für alle Führungskräfte in meinem Unternehmen gilt daher: Einstellung nach Einstellung. Ich stelle Menschen entsprechend ihrer inneren Einstellung ein. Zeugnisse sind mir komplett egal. Ich habe inzwischen fast damit aufgehört, überhaupt noch die Bewerbungen zu lesen, weil mich die Meriten auf dem Papier immer weniger interessieren. Was nützt die beste Ausbildung, wenn die entsprechende Person weder in ihrer Kommunikation noch in ihrem Wertesystem eine wirkliche

Führungskraft ist? Übrigens: Meiner Ansicht nach führen anonymisierte Bewerbungen daher auch nur dazu, dass wir völlig falsche Menschen an die völlig falschen Positionen bringen.

Um zum Schluss noch einmal auf Simon Sinek zurückzukommen: Führungskräfte, die nicht auf Vertrauen, sondern auf Kontrolle und Macht setzen, spielen oft nicht das unendliche Spiel, sondern denken »endlich« (vgl. Sinek, 2019). Das erzeugt Reibungen und Konflikte und verhindert Vertrauen – und somit echte Innovation.

2.2.4 WO WOLLEN WIR HIN?

Ich denke, als Unternehmer sollten wir eigentlich alle dasselbe Ziel haben: Ein innovatives Unternehmen, das reibungslos läuft, gute Erfolge erzielt und die Kunden zu Fans macht. Überbordende Bürokratie kostet nur Zeit und Geld und sollte daher, soweit möglich, reduziert werden. Doch das gelingt nur mit einer stabilen Vertrauenskultur, die sowohl das Verhältnis zwischen den Mitarbeitern als auch das der Führungskräfte untereinander prägt.

Letztendlich bestehen alle sozialen Strukturen und Geflechte aus uns Menschen. Und da das die Unternehmen ganz eindrücklich einschließt, wirken auch dort dieselben Mechanismen wie in allen anderen zwischenmenschlichen Beziehungen. Aber was genau läuft dann scheinbar falsch? Warum gehen viele Unternehmer den überfälligen Schritt in den Vertrauensaufbau nicht? Nun: Das Misstrauen steht in keiner Bilanz, es lässt sich nicht anhand belastbarer Kennzahlen als Ursache von Missständen ausmachen. Doch auch wenn sie sich nicht anhand nachvollziehbarer Messwerte belegen lassen, birgt das Misstrauen viele Reibungsverluste.

Das erste Ziel sollte daher sein, die Mitarbeiter wieder zur Nummer eins des Unternehmens zu machen. Schenken wir unseren Mitarbeitern unser Vertrauen, herrscht am Arbeitsplatz eine Atmosphäre der Sicherheit und der Offenheit, dann können auch die Mitarbeiter vertrauensvoll agieren. Sie gewinnen aber nicht nur das Vertrauen in das Unternehmen zurück – sie gewinnen auch an Selbstvertrauen. In der Folge können sie wesentlich besser mit den Kunden und ihren individuellen Anliegen umgehen und somit beste Kundenerfahrungen schaffen. Und davon profitiert letztendlich auch wieder das Unternehmen.

Wenn jemand das geschafft hat, ist es sicherlich Wolfgang Grupp, langjähriger Geschäftsführer des Familienunternehmens Trigema. Vor Kurzem hat er den Generationswechsel vollzogen und sein Unternehmen an seine Kinder übergeben.

Sicherlich: Er ist ein streitbarer und kontroverser Geist, der auch durch fragwürdige Aussagen aufgefallen ist (beispielsweise, dass Frauen nicht arbeiten, sondern den Haushalt führen sollten). Aber er hat auch etwas erschaffen, woran andere Unternehmer teils reihenweise scheitern – und ich meine nicht die Tatsache, dass Trigema ausschließlich in Deutschland produziert, was allein schon eine Erwähnung wert wäre. Er hat eine Unternehmenskultur geschaffen, in der das Soziale von zentralem Wert ist. Er ist ein bekannter Advokat gegen Gier und unternehmerischen Größenwahn, Verfechter des Mindestlohns und Pionier der Kreislaufwirtschaft. All diese übergeordneten Aspekte spiegeln sich auch in seiner internen Unternehmensführung wider. Auf der Feier zum 100-jährigen Bestehen der Firma sagte er in seiner Dankesrede: »Ich weiß, dass ich das, was ich getan habe, nie hätte vollbringen können, wenn nicht alle Mitarbeiterinnen und Mitarbeiter das mit mir gemeinsam getan hätten.« Obwohl ich an dieser Stelle nicht dafür bürgen kann, was Herr Grupp genau getan oder nicht getan hat, sprechen viele Indizien dafür, dass er es geschafft hat, eine Unternehmenskultur des Vertrauens zu etablieren, die als Vorbild dienen kann. Im Unternehmen herrschen flache Hierarchien und kurze Kommunikationswege. Die Mitarbeiter werden in den Mittelpunkt gerückt, dem Firmenchef ist die Nähe zu seinen Mitarbeitern immens wichtig.

Wenn wir davon sprechen, die Menschen in den Mittelpunkt zu rücken, dann geht es auch um Inklusion. Selbstverständlich muss es für jeden Unternehmer ein wichtiges Ziel sein, Menschen in all ihrer Unterschiedlichkeit in einem Unternehmen zu integrieren und zu respektieren. Das gilt insbesondere für Menschen mit Einschränkungen und Behinderungen.

Bei Lattoflex haben wir in enger und jahrelanger Zusammenarbeit mit der Lebenshilfe ein großes Inklusionsprojekt durchlaufen und inzwischen über 20 Menschen mit Einschränkungen in den regulären Fertigungsprozess integriert. Es war zwar kein leichter, aber ein erfolgreicher Weg. In der Vorbereitung mussten wir viele Sonderwege gehen – so haben wir beispielsweise überall im Unternehmen

Zebrastreifen angelegt, um die Gefahr fahrender Gabelstapler für alle er-
sichtlich zu machen. Auch Maschinen wurden umgebaut und Arbeitsge-
räte individuell angepasst, damit sie auch von Menschen mit körperlichen
Einschränkungen bedient werden können.

Aus meiner persönlichen Erfahrung kann ich berichten: Es ist berührend zu beobachten, wie tief Menschen mit Behinderungen häufig spüren, ob man ihnen
offen gegenübertritt und ihnen vertraut. Ich habe bei meinen Mitarbeitern den
Eindruck, sie hätten seismografische Antennen, die genau registrieren, wie ihre
Gegenüber ticken und wie sie ihnen gegenübertreten. Ich bin immer wieder sehr
gerührt, zu sehen, wie diese Menschen aufblühen, wenn sie das Gefühl bekommen,
dass sie wertgeschätzt werden in ihrem Sein, so wie sie sind.

IMPULS VON RAYK HAHNE

Unternehmensberater,
Ex-Profisportler, Podcaster

»Spring, Junge! Hab' ein-
fach Vertrauen und spring!
Spring in meine Arme! Papa
fängt dich sicher auf!« Das Kind springt,
der Papa rutscht aus und fällt hin, das
Kind knallt auf den Boden und bricht
sich den Arm. In diesem Moment hat das
Kind sein ursprüngliches Vertrauen verloren – in den Vater und in sich selbst.

Diese Geschichte wiederholt sich jeden
Tag x-Mal mit Unternehmern. Denn auch Unternehmer müssen viel Vertrauen
aufbringen, um ins Ungewisse zu springen. Sie haben ihre sichere Angestellten-
Position verlassen und handeln jetzt auf eigene Rechnung – mit allen Konsequen-
zen. Häufig wird ihr Vertrauen bitter enttäuscht, weil sie sich nicht klargemacht
haben, dass man auch als Selbstständiger Steuern zahlen muss. Wusstest Du,
dass fast 70 Prozent aller Selbstständigen binnen weniger als drei Jahren scheitern – und zwar nicht, weil ihre Produkte nicht ankommen, sondern weil sie zu
wenig über Steuerrecht wussten?!

Viele dieser Pleiten könnte man ganz leicht abwenden, wenn nur jemand diesen
Neuunternehmern im Vorfeld das nötige Finanzwissen mitgegeben hätte. Doch
unsere Gesellschaft hat eine gewisse Tendenz, motivierte Jungunternehmer von
ihrem selbstständigen Weg ab- und in die üblichen Arbeitsverhältnisse zurück-
zudrängen – was wirkt da besser als die schmerzliche Erfahrung einer Bankrott-
erklärung? Doch letztlich waren es gerade Unternehmergeister wie Ferdinand
Porsche oder Steve Jobs, die uns als Gesellschaft neue Innovationen beschert
haben. Ich will mir gar nicht ausmalen, wie viele mutige Menschen sich beim Ver-

such, ihre ähnlich genialen Ideen umzusetzen, so böse verletzt haben, dass sie ihr Urvertrauen verloren haben!

Es kostet viel Kraft, dieses Urvertrauen in sich selbst (wieder) aufzubauen. Aber der Kraftakt lohnt sich! Denn bei fast allen wichtigen Errungenschaften der Menschheit haben sich Menschen vertrauensvoll zusammengetan, um gemeinsam etwas Großes auf die Beine zu stellen. Vertrauen ist der Kitt, der uns als Gesellschaft zusammenhält! Darum müssen wir als Gesellschaft optimale Rahmenbedingungen schaffen, in denen unsere Kinder erst Vertrauen tanken und später Vertrauen leben können. Sind wir bereit, dieses Vertrauen zu geben?

Natürlich engagieren sich zahlreiche Unternehmen gesellschaftlich, damit Menschen möglichst viel Selbstvertrauen tanken können. Und natürlich muss die Politik dafür sorgen, dass junge Unternehmergeister das rückversichernde Signal »Hey, gemeinsam schaffen wir das!« vernehmen. Aber am Ende des Tages beginnt die Vertrauensfrage bei jedem Einzelnen von uns: »Bin ich ein Mensch, der bereit ist, zu springen?« Und falls ich merke, dass mir dazu der Mut fehlt: »Welchen Beitrag kann ich leisten, damit mehr Vertrauen in unsere Gesellschaft kommt?« Lasst uns gemeinsam versuchen, das Urvertrauen in uns selbst zu entdecken und es dann vertrauensvoll in die Herzen unserer Kinder zu legen!

Zum Schluss nochmal zurück zu dem springenden Kind. Okay, es hat sich den Arm gebrochen und muss ins Krankenhaus. Dort bekommt es einen Gips und muss sechs Wochen stillhalten. Doch wenn es ausreichend Selbstvertrauen getankt hat, wird es danach einen zweiten, dritten und vierten Sprungversuch in die Arme seines Vaters wagen. Und irgendwann lernt es, zu fliegen – das hat die Geschichte der Menschheit ein ums andere Mal bewiesen!

INSPIRATION SCHLÄGT KONTROLLE

Ich denke, mittlerweile ist klar geworden: Eine gute Führungsperson ist nicht diejenige, die ihre Mitarbeiter herumkommandiert und durch Befehle kontrolliert. Ganz im Gegenteil: Gute Führung entsteht, wenn ich meine Mitarbeiter mit dem Vertrauen, das ich in sie setze, dazu inspirieren kann, über sich selbst hinauszuwachsen. Stephen M. R. Covey hat dazu in seinem Buch »Trust & Inspire« (2022) spannende Thesen formuliert, die sich mit meinen persönlichen Erfahrungen decken.

Befehle erteilen und Kontrolle ausüben: Das ist so etwas wie das stereotype Bild eines Chefs. Wenn wir an Vorgesetzte denken, fallen uns oft Worte wie Distanz, Macht und Überwachung ein, denn Führung ist assoziativ mit dem Ausüben von Macht verbunden. Dabei dürfen wir uns aber klarmachen: Dieser Art von Macht beugen sich die Menschen zwar – aber sie inspiriert nicht zu mehr. Damit unterscheidet sich die Macht der Kontrolle deutlich von der Macht des Vertrauens. Denn wenn wir Menschen auf ihrem Weg bestärken und ihren Fähigkeiten vertrauen, geben wir ihnen die Kraft, über sich hinauszuwachsen. Wir inspirieren sie, anstatt sie zu beugen. Und das wiederum kommt, wie im vorigen Kapitel beschrieben, auch dem Unternehmen selbst zugute.

Wenn ich als Unternehmer meine Macht gebrauche, um Kontrolle auszuüben, dann stelle ich damit lediglich sicher, dass meine Mitarbeiter ihre Aufgaben erledigen. Wenn ich dagegen Vertrauen in die Fähigkeiten meiner Mitarbeiter setze, dann inspiriere ich sie Schritt für Schritt zu innerlichem Wachstum. Vertrauen formt soziale Beziehungen, entwickelt und schärft Fähigkeiten und fördert damit das Selbstbewusstsein, die Leistungsfähigkeit und die Motivation der Mitarbeiter. Covey formuliert es so: »For many Command & Control leaders, the biggest challenge is simply being able to let go« [Für viele Führungskräfte, die ihre Handlungen auf Befehl & Kontrolle basieren, besteht die größte Herausforderung darin, einfach loslassen zu können] (Covey et al., 2022, S. 39).

Ich habe selbst genau diese Erfahrung gemacht: Es ist nicht nur menschlich bereichernd, zu vertrauen – es ist auch effizienter und produktiver als der kalte Befehlston. Vertrauen schafft Ergebnisse, die bloße Anordnungen nicht ermöglichen können. Doch wie funktioniert ein Führungsstil, der auf Vertrauen und Inspiration aufbaut? Covey hält dazu drei Punkte der Führungsverantwortung fest:

1. *Als Führungskraft, die durch Vertrauen inspirieren will, weiß ich genau, wer ich bin – ich verhalte mich integer und zuverlässig.*

2. *Ich habe Vertrauen und gebe dieses Vertrauen an meine Mitarbeiter weiter, um sie zu ermutigen und zu stärken.*

3. *Ich schaffe eine spürbare Verbindung zwischen der Arbeit meiner Mitarbeiter und der Vision des Unternehmens.*

Die beiden ersten Punkte haben wir bereits in der Tiefe besprochen, auf den dritten möchte ich noch einmal näher eingehen. Als Unternehmer möchte ich Menschen mit einer kühnen wie verständlichen Vision inspirieren. Ich möchte ihnen das Gefühl geben, dass wir alle im Unternehmen an einem Strang ziehen – und sie, wie ich, Teil eines größeren Ganzen sind. Ich bin überzeugt, dieses Mindset macht es möglich, einen Zusammenhalt im gesamten Team zu erzeugen: Wenn man zusammen auf eine klar definierte Reise geht, kann jeder Einzelne seine Fähigkeiten zum Erreichen des Reiseziels einbringen und sie dabei weiterentwickeln. Für eine gute Führung ist es essenziell, die Nähe, die Kommunikation, und die Vision auf allen Ebenen eines Unternehmens zu etablieren, sodass Menschen inspiriert an ihr Werk gehen können – und zwar an der Stelle, wo sie dank ihrer Fähigkeiten den besten Beitrag zum großen Ganzen leisten können.

Als Führungskraft bin ich deshalb auch dazu aufgerufen, meine Mitarbeiter nicht (nur) nach ihrem bloßen Verhalten zu beurteilen. Ich darf näher hinschauen und ihre Potenziale erkennen. Jeder Mensch zeigt manchmal Verhaltensweisen, an denen wir uns reiben, die wir nicht verstehen oder im ersten Moment ablehnen. Die Aufgabe einer guten Führung besteht darin, durch dieses Dickicht des Alltags hindurchzuschauen und herauszufinden, welches Potenzial im Menschen angelegt ist, unabhängig von seiner Tagesform oder seiner aktuellen Leistung. Wenn ich dem Mitarbeiter das Gefühl gebe, dass ich ihn ganzheitlich wahrnehme, dann ermutige ich ihn damit, seine Fähigkeiten weiterzuentwickeln und sie gewinnbringend an genau der richtigen Stelle für das Unternehmen einzusetzen.

Ein Führungsstil, der durch Kontrolle und Anordnung funktioniert, schafft dagegen keine Hingabe zur gemeinsamen Unternehmensvision. Er hält den Status quo aufrecht und stellt sicher, dass alles funktioniert – erlaubt aber keine Erweiterung des Horizontes. Er kann motivieren, aber nicht inspirieren.

Wenn ich als Mitarbeiter in den frühen Morgenstunden meine Kinder und meine Frau verabschiede, die Wohnungstür zuschließe und mich auf den Weg zur Arbeit mache, was geht mir da durch den Kopf? Idealerweise freue ich mich auf den Tag, der vor mir liegt. Und nach getaner Arbeit möchte ich positiv aufgeladen und guter Dinge nach Hause fahren – weil meine Arbeit mir Freude und Erfüllung gibt, weil ich mich gesehen und gehört fühle. Weil meine Arbeit für mich Sinn stiftet. Das ist doch das Ideal, nach dem wir als Unternehmer streben sollten, denn wenn wir unseren Mitarbeitern dieses Gefühl geben können, dann können wir gemeinsam wirklich etwas erreichen. Ein solches Arbeitsklima können wir durch Vertrauen und Inspiration schaffen.

Übrigens: Ein sehr eindrucksvolles und historisch vielfach belegtes Beispiel für die Inspiration durch Vertrauen ist das Wirken von Mahatma Gandhi: Er hat das moderne Indien entscheidend geprägt und prägt noch immer Menschen weltweit. Hat er jemals ein offizielles Amt bekleidet oder war offizieller indischer Staatsführer? Nein. Seine »Macht« entsprang allein der Fähigkeit, in die Menschen zu vertrauen und selbst als gutes Beispiel voranzugehen. Er inspirierte durch seine Vorbildfunktion. Das zeigt eindrücklich, was wir im vorigen Kapitel hinsichtlich der Wollens-Entscheidungen festgestellt haben: »Leadership is a choice, not a position. Quite often, the most influential leaders are the ones without a formal title or position« [Führung ist eine Entscheidung, keine Position. Oft sind die einflussreichsten Führungskräfte diejenigen, die keinen offiziellen Titel oder Posten haben] (Covey et al., 2022, S. 40).

Ich glaube, wenn es uns gelingt, die Grundlagen von Vertrauen auf allen Ebenen wieder neu zu etablieren, dann können wir alle Kontrollmechanismen auf ein normales Maß zurückfahren oder sogar in großen Teilen fallenlassen. Menschen möchten sich gesehen fühlen, sie möchten ein Gefühl der Nähe empfinden, sich verbunden fühlen. Das gilt für das Private ebenso wie für den Unternehmenskontext. Hier ist es ungemein förderlich, wenn die Mitarbeiter spüren können, wofür sie arbeiten – und wie sich ihre Arbeit in die Gesamtvision des Unternehmens einbringt.

Ein vertrauensbasiertes Unternehmen – was bedeutet das also konkret? Für mich ist es völlig selbstverständlich, dass sich die Führungsebene auf die Führung konzentriert und die Menschen ihre Arbeit machen lässt, ohne permanent dazwischen zu grätschen oder die Mitarbeiter zu kontrollieren. Ich glaube, dass wir als Menschen in einem vertrauensbasierten Unternehmen das tun können, wofür wir uns am besten eignen. Jeder Mensch hat individuelle Stärken, die er am besten in einer bestimmten Position einbringt, ohne permanent von oben herab kontrolliert zu werden.

In einem vertrauensbasierten Unternehmen werden die Mitarbeiter voller Stolz und innerer Erfüllung zur Arbeit kommen, sich als Team fühlen und das Unternehmen als Ort erleben, wo man sich aufeinander verlassen kann. Wo menschliche Beziehungen und Freundschaften entstehen, die wiederum dazu beitragen, Konflikte konstruktiv lösbar zu machen.

Solch ein Unternehmen ist ein Ort, an dem das von Simon Sinek so pointiert und wundervoll definierte »unendliche Spiel« in den Köpfen der Führungskräfte vorherrscht. So schaffen wir Ergebnisse, die bleiben und wachsen – fern vom getriebenen Blick auf die nächsten Quartalszahlen. Ein vertrauensbasiertes Unternehmen funktioniert über den Respekt, den Menschen füreinander empfinden; Respekt für die Stärken des anderen; Respekt, dass jeder Einzelne in einer Gruppe etwas beiträgt, das nicht ohne Weiteres ersetzt werden kann. In einem vertrauensbasierten Unternehmen fühlt sich jeder Einzelne gesehen und ist viel mehr als nur eine Personalnummer, die am Monatsende ein Gehalt bekommt.

IMPULS VON ALEXANDER CHRISTIANI

Unternehmer, Autor

Wenn Menschen etwas zu-
sammen erreichen wollen,
ist Vertrauen das entschei-
dende Bindeglied. Weder ein Navy
Seals Team noch das Boston Symphony
Orchestra können ihre Leistungen auf
höchstem Niveau abrufen, wenn nicht
ein Mindestmaß an Vertrauen zwischen
allen beteiligten Personen besteht.
Wenn die erste Geigerin dem Dirigen-
ten nicht vertraut oder ein Cellist mehr
damit beschäftigt ist, Spielfehler seiner Kollegen herauszuhören, als seinen eige-
nen Part bestmöglich zu interpretieren, dann gelangt das Orchester nicht in den
Flow-Zustand, den es braucht, um musikalische Höchstleistungen darzubieten.
Kein Wunder, dass Vertrauen auch im Unternehmensbereich ein zentraler Faktor
ist – der zudem die Effektivität massiv steigert! Denn Vertrauen komprimiert die
Kommunikation auf vielfältige Weise.

Wenn ich die Motive eines Menschen als vertrauenswürdig empfinde, formuliere
ich meine Ideen ganz intuitiv und ohne Sorge, mich absichern zu müssen. Wissen-
schaftliche Studien belegen, dass Chefs Mitarbeitern, denen sie vertrauen, Dinge
viel plausibler erklären, weil sie annehmen: »Frau Müller versteht mich eh!« Um-
gekehrt sind Erklärungen an Mitarbeiter, die ein Chef für doof hält, vergleichs-
weise ausführlich und rückversichernd – häufig sogar so, dass die betreffenden
Mitarbeiter spüren, dass ihr Chef ihnen nicht über den Weg traut. Klar, welche der
beiden Kommunikationsformen effektiver ist, oder?

Punkt zwei: Vertrauen nach außen. Obwohl dieser Parameter in keiner Firmen-
bilanz auftaucht, halte ich ihn für einen der stärksten Bewertungsfaktoren für ein

Unternehmen. Ein Beispiel dafür sind börsennotierte Firmen, die noch nie in der Gewinnzone waren und trotzdem für mehrere Milliarden weiterverkauft werden. Dies beruht allein darauf, dass Investoren so viel Vertrauen in diese Unternehmen haben, dass sie ihnen quasi ungedeckte Schecks für die Zukunft ausstellen. Im Business kann Vertrauen Milliarden wert sein! Wenn zum Beispiel Audi sagt: »Vorsprung durch Technik«, fühlen sich viele Menschen ganz unmittelbar angesprochen, weil Audi in seinem Markenkern mit viel Vertrauen gedeckt ist.

Und zu guter Letzt: Vertrauen schafft eine berufliche Heimat. Neben objektiven Faktoren wie dem Gehalt müssen sich Mitarbeiter auch subjektiv in ihrem Unternehmen wohlfühlen. Mir kommt dabei Christian Mikundas Konzept der drei Orte in den Sinn. Der erste Ort, an dem ich mich emotional zu Hause fühle, ist der vertraute Kreis meiner Familie und Freunde. Der zweite Ort, an dem ich mich auch irgendwie heimisch fühle, ist mein Arbeitsplatz – nicht zuletzt, weil ich dort einen großen Teil meiner Lebenszeit verbringe. Wäre ich an meinem Arbeitsplatz dauerhaftem Misstrauen ausgesetzt, würde mir dieses Zuhause-Gefühl flöten gehen und ich könnte mich nicht so motiviert in mein Unternehmen einbringen, wie ich es unter vertrauensvoll-sympathischen Umständen tue. Doch zwischen meinem familiären Zuhause und meinem Arbeitsplatz braucht es noch etwas anderes: einen neutralen Ort, an dem ich mich sicher, wohl und dennoch frei fühle. Solche dritten Orte kann ich mir selbst schaffen – die Markenpositionierung von Starbucks ist übrigens ein Paradebeispiel dafür, wie dieses menschliche Bedürfnis nach solch einem dritten Ort wirksam angesprochen wird.

Wenn an all diesen drei Orten eine echte Vertrauenskultur herrscht – wenn wir also unseren Familien- bzw. Teammitgliedern vertrauen können und umgekehrt wissen, dass unsere Mitmenschen uns ihr Vertrauen schenken – steigert das nicht nur unsere Lebensqualität, sondern macht es auch viel wahrscheinlicher, dass wir in unserem Tun erfolgreich sind. Mit Vertrauen gibt es nur Gewinner!

2.2.5 WIE KÖNNEN UNTERNEHMEN VERTRAUEN HERSTELLEN?

Wie bereits angedeutet, halte ich die Nähe für einen wesentlichen Gradmesser des Vertrauens. Für Führungskräfte bedeutet das, ganz konkret den Menschen in ihrem Unternehmen nahe zu sein – auch in Krisenzeiten. Simon Sinek formulierte es einmal sehr passend: »Gute Chefs essen zuletzt« – so heißt bezeichnenderweise eines seiner Bücher. Beim Herstellen von Nähe geht es immer darum, sein Gegenüber aufrichtig wahrzunehmen und sich ernsthaft zu interessieren, abseits des höflich distanzierten Small Talks; es geht darum, nachzufragen, dranzubleiben und auch private Gespräche zuzulassen. Die Nähe einer intakten zwischenmenschlichen Beziehung ist die Basis einer aufrichtigen Kommunikation und einer spürbaren, gemeinsamen Vision.

Um auch in der Kommunikation wieder Nähe herzustellen, dürfen Führungskräfte wieder Klartext sprechen, anstatt zu verklausulieren, sich hinter Hochschulvokabular zu verstecken oder unzählige schicke PowerPoint-Folien zu zeigen. Klartext zu sprechen, das bedeutet in diesem Kontext jedoch auch nicht, ungefiltert alles auszusprechen und dabei über die Gefühle der Mitarbeiter hinwegzufegen: Es bedeutet, den Mitarbeitern ernsthaft zuzuhören, ihre Perspektiven nachzuvollziehen, Empathie für ihre Anliegen zu entwickeln und ihre Fragen genau zu beantworten. Es bedeutet, für alle Mitarbeiter einfach nachvollziehbar zu machen, wo das Unternehmen steht und wohin die Reise gehen soll. Es bedeutet auch, klar zu sagen, wenn etwas nicht optimal gelaufen ist. All das sind Zeichen der Aufrichtigkeit, der Ehrlichkeit, des Respekts – und damit wertvolle Zeichen des Vertrauens.

Eine solche Kommunikation, die die Zuhörer ernst nimmt und mit ihnen in den Austausch treten möchte, ebnet auch den Weg zur gemeinsamen Verwirklichung der Unternehmensvision. Hier gilt es, Buzzwords zu vermeiden und nichts nur deshalb zu sagen, weil man es gesellschaftlich üblicherweise sagt. Leere Floskeln und distanzierte Sprache schaffen keine Verbindung. Stattdessen sollten die Mitarbeiter das Gefühl gewinnen können, dass es sich wirklich lohnt, alles für die Unternehmensvision zu geben. Denn wenn ihnen die Vision auch persönlich etwas bedeutet, schenkt es ihnen Kraft und Motivation und lässt sie mutig und furchtlos in ganz neue Gebiete vordringen. Für eine kraftvolle Vision sind die Menschen bereit,

Hindernisse zu überwinden und sich gemeinsam auf eine Reise zu machen – durch Höhen und Tiefen.

Doch wie kann ein Vertrauensaufbau im Unternehmen ganz praktisch gelingen?

RITUALE

Denken wir einmal daran, wie wir im familiären Kontext die geteilte Nähe und das Vertrauen stärken: Wir feiern gemeinsam unsere Geburtstage oder die Weihnachtsfeiertage, zelebrieren Familienrituale und freuen uns darauf. In ähnlicher Weise brauchen wir auch in unseren Unternehmen stärkende und festigende Rituale. Es stiftet Vertrauen, wenn wir wissen, dass etwas Bestimmtes immer wiederkehrt. Es spielt dabei keine so entscheidende Rolle, ob die Rituale aus wiederkehrenden Gesprächen bestehen – wie etwa Jahresgespräche – oder aber aus Feierlichkeiten, die uns fernab der alltäglichen Arbeit zusammenführen.

Wer bei uns im Unternehmen beispielsweise Geburtstag hat, bringt immer Süßigkeiten mit. Das ist seit Jahrzehnten ein gelebtes Ritual. Kommt man an einem Arbeitsplatz vorbei und sieht dort Süßigkeiten in einer großen Schale stehen, kann man sich sicher sein, dass hier einem Geburtstagskind gratuliert werden kann. Das sind vielleicht nur kleine Gesten, doch sie helfen dabei, Stabilität und Verlässlichkeit zu erzeugen.

Solche wiederkehrenden Traditionen sind einfach umzusetzen, bedürfen aber langfristiger Planung und verlässlicher Konstanz. In meinem Unternehmen planen wir beispielsweise bereits im Herbst das kommende Jahr durch – jedes Meeting, jede Mitarbeiter- und Gesprächsrunde. In den vielen informellen Gesprächsrunden habe ich die Chance, mit einzelnen Teams eine Stunde lang in den ehrlichen Austausch zu gehen. Natürlich stehen im Herbst noch nicht alle Inhalte für das kommende Jahr fest, doch der bereits festgelegte Termin schenkt Sicherheit, sowohl für mich als auch für die Mitarbeiter.

Ritualisierung ist aus meiner Sicht einer der wesentlichen Faktoren, um in einem Unternehmen das Vertrauen neu aufzubauen.

PRÄSENZ

Das Herstellen von Nähe gelingt aus meiner Sicht immer dann, wenn wir präsent sind. Präsent zu sein, das ist eine innere Haltung; dazu gehört natürlich auch, nicht am Handy zu spielen oder während des Meetings am Notebook zu sitzen. Ist eine Person präsent, so bedeutet das schlicht und einfach: Sie ist voll da. Dann ist sie mir automatisch nah. Denn sie gibt mir das Gefühl, mit ihrem ganzen Sein bei mir im jetzigen Moment zu verweilen und nicht mit den Gedanken abzudriften.

Wenn wir Präsenz erzeugen wollen, dann widmen wir uns also sehr einfachen und praktischen Handlungen. Wir legen während des Meetings das Handy zur Seite und fahren das Notebook nicht hoch. Es ist einfach, sich mit voller Aufmerksamkeit einer Person gegenüberzusetzen und ihr zuzuhören. Aber es ist ein wichtiger Schritt zum Vertrauensaufbau. So kann wirkliche, echte Nähe entstehen.

Präsenz muss aus meiner Sicht eine sehr bewusste Entscheidung der Führungskräfte sein. In der Hektik des Alltags kann es herausfordernd sein, jedes Mal wieder neu präsent zu sein – insbesondere, wenn mehrere Meetings hintereinander stattfinden. Dann hilft es, eine kurze Pause einzulegen, einmal tief durchzuatmen und sich ganz bewusst zu sagen: »Ich bin jetzt hier in diesem Raum, mit diesen Personen. Und ich bin komplett da und ich höre zu, was immer dort zu hören ist. Ich gebe den Menschen das Gefühl, dass ich voll und ganz bei ihnen bin.« Ich entscheide mich zur Präsenz, ich entscheide mich zur Nähe, ich entscheide mich zur Gegenwärtigkeit.

IMPULS VON MATTHIAS BECK

Unternehmer, Instrumentenbauer, Profimusiker

Motivation ist immer auch Ausdruck eines Vertrauens in die Welt von morgen – und Vertrauen in die Welt kann ich nur haben, wenn ich mir selbst vertraue. Entsprechend ist es mir in meiner Funktion als Geschäftsführer eines traditionsreichen Musikinstrumenten-Geschäfts enorm wichtig, dass meine Mitarbeiter über ein gesundes Selbstvertrauen verfügen. Ich wünsche mir, dass sie alle aus tiefster Überzeugung sagen können: »Ich weiß um meine Fähigkeiten als Instrumentenmacher/Kundenberater/Buchhalterin und brenne darauf, diese Fähigkeiten mit der Welt da draußen zu teilen!« Dann ist es meines Erachtens nur eine Frage der Zeit, bis unsere Kunden den von uns verkauften Instrumenten genau dasselbe unerschütterliche Vertrauen entgegenbringen.

In Bezug auf (Selbst-)Vertrauen war die Corona-Pandemie ein echter Härtetest für unsere Firma. Schlagartig verdüsterten sich alle Zukunftsaussichten. Selbst im engsten Familienkreis schienen sich Gespräche nur noch darum zu drehen, welche Notregelungen man wie zu befolgen hatte. Das kulturelle Leben war völlig zum Erliegen gekommen: keine Orchesterkonzerte, keine Musikproben, auch kein Unterricht an öffentlichen Musikschulen – woraus sollten meine Mitarbeiter und ich da weiteres Selbstvertrauen schöpfen?

Im Mai 2020 war es besonders schlimm. Meine Firma hatte mehr als 60 Prozent an Umsatz eingebüßt. Eigentlich hätte ich am Boden zerstört sein müssen, doch zu meinem eigenen Erstaunen spürte ich ein tiefes Grundvertrauen in mir. Ich sagte mir: »Wenn wir jetzt so weitermachen wie viele unserer Mitbewerber, verlieren wir jeglichen Handlungsspielraum. Wir müssen neue Wege gehen und uns auch nach außen ganz anders darstellen!«

Also begannen wir damit, unsere tatenlos daheimsitzenden Kunden mit Online-Kursen beim Tunen ihrer Instrumente zu unterstützen. Klar war es jammerschade, dass niemand in unser Geschäft kam, die Lager waren ja gefüllt. Doch wir ließen uns nicht unterkriegen und suchten nach immer neuen Wegen, unsere Fähigkeiten und Fachwissen in die Welt zu tragen. Tatsächlich hatte ich so viel Vertrauen in unsere Neuausrichtung, dass ich eine Stelle für einen zusätzlichen Marketing-Mitarbeiter bereitstellte. Einige Freunde erklärten mich natürlich für verrückt – in dieser Krisenzeit noch zusätzliche Leute einstellen?? Für mich war aber immer klar, dass wir das entweder gemeinsam schaffen oder gemeinsam mit wehenden Fahnen untergehen.

Dieses Vertrauen in unser gemeinschaftliches Tun löste in unserer Instrumenten-Werkstatt einen unglaublich positiven Effekt aus. Wir haben nur für wenige Monate die Arbeitszeiten auf 75 Prozent zurückgefahren, den Rest der Corona-Zeit waren wir voller Tatkraft bei der Sache. Natürlich musste ich massiv in Vorleistung gehen, weil die Verkaufsaktivitäten brachlagen. Doch die neuen Produkte schlugen irrsinnig gut ein! Wir haben in dieser Zeit auch einen Youtube-Kanal aufgebaut und Webinare abgehalten, in denen wir den Leuten unser Know-how kostenlos zur Verfügung stellen.

Stand heute sind wir der Aufmerksamkeitsmarktführer im Bereich der Blechblasinstrumente. Wir bekommen Anrufe von Leuten, die fragen: »Matthias, bist du morgen im Geschäft? Ich habe deine Videos gesehen und möchte deine persönliche Mundstückberatung erhalten. Dafür komme ich extra von Südtirol nach Dettingen!« Eine mehr als zwei mal fünf Stunden dauernde nervenaufreibende Autofahrt über den Brenner für ein knapp 200 € teures Mundstück, das ich dem Kunden ganz bequem – und sogar versandkostenfrei! – per Post zuschicken könnte? Ganz offensichtlich geht es um weit mehr als das reine Produkt! Es geht um das wohlig-sichere Gefühl unserer Kunden, endlich einen vertrauenswürdigen Ansprechpartner für all die brennenden Fragen rund um ihr geliebtes Instrument gefunden zu haben. Und für dieses vertrauensvolle Grundgefühl ist ihnen kein Weg zu weit ...

Als die Corona-Regelungen endlich etwas gelockert wurden, nutzten wir die Gunst der Stunde und machten endlich wieder einen Betriebsausflug. Normalerweise bezahle ich als Firmeninhaber solche Aktivitäten natürlich. Doch dieses Mal erklärten mir die Mitarbeiter: »Matthias, du hast in den letzten Monaten so viel Geld für uns alle vorgestreckt, heute bist du eingeladen!« Diese Geste hat mich sehr berührt – mein Team zahlte das Vertrauen, das ich ihnen ausgesprochen hatte, in ihrer eigenen Währung zurück! Das hat uns als Firma noch enger zusammengeschweißt.

FEHLERKULTUR

Wenn eine innovative Unternehmenskultur als Ziel der unternehmerischen Bestrebungen ausgewiesen ist, müssen wir den Menschen auch bedingungslos zutrauen, dass sie neue Wege gehen können. Was uns dabei bewusst sein muss: Neue Wege können immer auch ins Scheitern führen. Das heißt, je innovativer ich sein oder werden will, desto höher müssen auch mein Verständnis und meine Empathie dafür sein, dass Menschen auf dem Weg zur Innovation scheitern können und dass sie Fehler machen können. Ich darf also akzeptieren lernen, dass meine Pläne vielleicht nicht so laufen, wie gedacht oder erhofft – und dass das okay ist.

Aus genau diesem Umstand erwächst eine enorme Chance: Denn wenn ich einem Menschen wahrhaft vertraue, dann vertraue ich auch darauf, dass er aus Fehlern lernen kann. Ich habe das Vertrauen in ihn, dass er sich aus eigener Anstrengung aus seinem Scheitern befreien wird. Ich traue ihm zu, dass er die nötige Kraft hat, aus dem Sumpf herauszuklettern. Nichts anderes wird auch mit dem Begriff Resilienz beschrieben: Resilienz meint die Fähigkeit, mit Fehlern konstruktiv umzugehen. Für mich bedeutet Resilienz ganz einfach: »Fall auf die Nase und steh wieder auf!«

Wenn es uns gelingt, eine solche Haltung in den Unternehmensalltag zu integrieren, dann werden die Mitarbeiter zunehmend bereit sein, optimistisch und kraftvoll neue Wege zu gehen. Es ist scheinbar paradox: Diese besondere Unternehmenskultur, dieser furchtlose Optimismus, entsteht gerade aus dem erlebten Scheitern. Denn eine gesunde, stärkende Fehlerkultur kann sich eben nur dann entwickeln, wenn auch Fehler geschehen und wenn mit ihnen produktiv umgegangen wird. Dann ist das Scheitern eine echte Chance, um Vertrauen aufzubauen.

Stellen wir uns vor, ich probiere etwas zum ersten Mal, ich traue mich etwas und zeige Mut – und dann scheitere ich. Sei es, indem meine Abteilung nicht die Zahlen bringt, die eigentlich geplant waren, sei es, indem mein neues Produkt nicht so funktioniert wie erhofft. Wenn ich dann die Erfahrung machen muss, dafür gemaßregelt, zurückgesetzt oder abgestraft zu werden, ist diese Erfahrung schwerwiegender als alles andere. Kein Bonus und keine tolle Weihnachtsfeier könnten das je wiedergutmachen.

An diesem Beispiel wird deutlich: Die Erfahrung, wie die Führungsebene mit dem Scheitern umgeht, ist prägend für das gesamte Betriebsklima. Sie entscheidet darüber, ob sich die Mitarbeiter wohl und sicher fühlen, ob sie mutig und kreativ sein können. Damit ist die Frage: »Wie geht die Führung damit um, wenn mir ein Fehler passiert?« tatsächlich mit der prägenden Frage vergleichbar, die wir uns vermutlich alle einmal in der Kindheit gestellt haben: »Wie gehen meine Eltern damit um, wenn ich mal eine 6 schreibe oder sitzen bleibe?«

Wenn Führungskräfte also eine gesunde, kräftigende Fehlerkultur aufbauen möchten, sind sie aufgerufen, mit hoher Sensibilität zu agieren, denn auch die nicht direkt betroffenen Mitarbeiter registrieren sehr fein, wie die Führungskräfte mit dem Scheitern umgehen. Sie beobachten aufmerksam, was sie bei einem Scheitern ihrerseits zu erwarten haben, und daraus erwächst Vertrauen und Mut oder Angst und Misstrauen. Kommt es zu Letzterem, ist das mit keinem Incentive mehr auszugleichen – wie spektakulär auch immer er sein mag.

EINSTELLUNG ZUR VERÄNDERUNG

Vielleicht fragst Du Dich an dieser Stelle einmal selbst: Wie ist Deine Einstellung zu Veränderungen? Wie gehst Du mit Veränderungsprozessen um?

Es lohnt sich, diese Fragen einmal ganz offen zu betrachten. Denn jede Veränderung ist in gewisser Weise mit Angst verknüpft – sonst wäre es keine Veränderung.

Veränderung erfordert Energie und Mut, schließlich sind wir evolutionär betrachtet nicht für häufige Veränderungen gemacht. Jedes Anlegen einer neuen neuronalen Verknüpfung im Gehirn kostet uns Energie. Unser Gehirn ist ohnehin schon ein wahrer Energiefresser: Es verbraucht rund 20 Prozent des gesamten Energieumsatzes des Körpers, obwohl es nur 2 Prozent des Körpergewichts eines Erwachsenen ausmacht. Deshalb geht es sehr effizient mit Energie um und ist stetig um die Begrenzung des Energiebedarfs bedacht. Am besten gelingt das, wenn wir auf bereits ausgetreten Pfaden gehen – wenn sich das Gehirn also im Rahmen von Routinen bewegt, über die es nicht mehr neu nachdenken muss. Das ist deutlich energiesparender als beispielsweise das Lösen neuer Aufgaben.

Gerald Hüther beschreibt eingängig, wie schwierig Veränderungen für das Gehirn sind:

»Jetzt haben die Gehirnforscher endlich den inneren Schweinehund gefunden, den jeder Fußballer überwinden muss, damit er ihn nicht vom Training oder vom vollen Einsatz bis zur letzten Minute abhält. Es ist der zweite Hauptsatz der Thermodynamik. Ihm muss auch unser Gehirn gehorchen und deshalb versucht es ständig, möglichst wenig Energie zu verbrauchen. Das gelingt ihm dann, wenn dort oben alles möglichst gut zusammenpasst und nichts stört – so ganz nach dem Motto ›Friede, Freude, Eierkuchen‹. Probleme haben, Herausforderungen meistern und Anstrengungen auf sich nehmen sind nicht die Lieblingsbeschäftigungen des Gehirns. Das verbraucht alles viel zu viel Energie. Energiesparender sind gute Ausreden, Ausflüchte, Verdrängung oder der schnelle Kick von Ersatzbefriedigungen« (DFB-Akademie 2023, o. D.).

Insofern stellt auch der Umgang mit Veränderungen einen essenziellen Baustein für den Aufbau von Vertrauen dar. Wenn es der Führungskraft eines Unternehmens gelingt, eine gesunde, offene Einstellung zur Veränderung zu etablieren – also Veränderungen positiv an- und aufzunehmen – dann vertraut früher oder später auch die gesamte Belegschaft auf den Veränderungsprozess. Ich bin davon überzeugt: Wenn alle gemeinsam in den Prozess gehen, werden unerhörte Kräfte frei, um Dinge vollständig zu verändern.

Wie das ganz konkret gelingt? Bleiben wir hierzu noch einmal beim menschlichen Gehirn: Wenn wir ein Stückchen in die Zukunft schauen – zum nächsten Meeting, zum Ende des Quartals oder zur Abgabe eines Berichts – dann bildet sich automatisch eine entsprechende Erwartung dazu im Gehirn aus. Bewahrheitet sie sich, dann sind wir zufrieden. Werden unsere Erwartungen allerdings noch übertroffen, dann steigt auch unsere Zufriedenheit. So kann ein unerwartetes Lob, ein netter Satz auf dem Flur oder ein außerterminliches positives Feedback große Mengen an Glückshormonen im Gehirn ausschütten. Belohnen wir also den Mut zur Veränderung, indem wir eine positive Fehlerkultur etablieren, dann steigt auch die Bereitschaft, noch mehr Schritte außerhalb der Komfortzone zu gehen.

Übrigens: Werden Veränderungen gemeinsam als Team durchlebt, wird zusätzlich Oxytocin im Gehirn ausgeschüttet. Dieses Hormon tritt immer dann auf den Plan, wenn zwischenmenschlich alles gut läuft. Es versetzt das Gehirn in einen lernbereiten Zustand und erleichtert damit die Aufnahme neuer Informationen. Oxytocin dämpft außerdem die Aktivität der Amygdala, des Angstzentrums. Oxytocin stärkt also das Sicherheitsgefühl und gibt noch mehr Mut zur Veränderung.

Veränderung wird also immer dann besonders leicht, wenn das Gehirn mittels Glückshormonen in einem Zustand der Zufriedenheit verweilt. Sobald Neues erprobt wird und wenn der Mut zur Veränderung nicht allein aufgebracht werden muss, sondern vom Team oder bestenfalls vom ganzen Unternehmen getragen wird (vgl. Wie überzeugen wir unser Gehirn, 2022).

Das ist wichtig, denn das Leben ist nun einmal Veränderung. Das ist ein ziemlich platter Satz; dennoch steckt in ihm die ernsthafte Aufforderung an jedes Unternehmen, mutig und vertrauensvoll neue Wege zu gehen. Die Unternehmensleitung ist dazu aufgerufen, sich selbst klar an die Spitze der Bewegung zu stellen. Wer Mut vorlebt und dazu bereit ist, selbst Veränderungen mitzutragen und mitzugehen, wird das Vertrauen und den Mut der Mitarbeiter stärken, alle nötigen Schritte mitzugehen.

IMPULS VON NATHALIE SAMELI

Unternehmerin, Schauspielerin

Das Thema Vertrauen ist für mich bei der Unternehmensführung ganz entscheidend. Es geht dabei weniger um das Vertrauen in den Markt oder zu meinen Kunden, sondern vielmehr um das Vertrauen in meine eigenen unternehmerischen Fähigkeiten, in meine Intuition und die Kraft meiner Visionen.

Meine Firma, die ich bereits im Jahr 2013 gegründet hatte, war für mich zunächst nur ein Mittel zum Zweck: um Mitarbeiter abrechnen zu können. Sie lief aber sofort sehr gut und wuchs in den folgenden Jahren stark. Dennoch hatte ich damals noch wenig Vertrauen in mich und mein Unternehmen. Wenn etwas nicht so funktionierte wie geplant, wurde ich unruhig und gestresst. Größere Probleme bescherten mir immer wieder schlaflose Nächte.

Das kennt sicher jeder Unternehmer: Etwas Unerwartetes tritt ein oder ein lang entwickelter Plan geht nicht so auf, wie man es gedacht hatte – und schon gerät das Vertrauen in die eigenen Fähigkeiten ins Wanken. Ein solcher Vertrauensverlust geschieht immer genau in dem Moment, in dem man die Orientierung und die Kontrolle verliert. Doch jede Krise hat im Vorfeld viele Warnzeichen, die leider oft ignoriert werden. Würden wir sie erkennen, würde es gar nicht zur großen Krise kommen. Deswegen ist es sinnvoll, für sich zu reflektieren: Was hat zu der Krise geführt? Indem man auf diese Weise ein Verständnis für das Problem entwickelt, kann man sich einen Teil des verloren gegangenen Vertrauens wieder aufbauen.

Inzwischen führe ich meine Firma überwiegend intuitiv. Natürlich habe ich ein großes Wissen an Marketing, Personalführung usw., kenne die Zahlen und habe auch einen Jahresplan. Doch ich vertraue meist meiner inneren Stimme. Wenn ich das Gefühl habe, dass ein interessantes Projekt an der Reihe ist, das jetzt noch gar nicht geplant war, dann mache ich es trotzdem. Denn ich weiß, dass ich mir vertrauen kann: Meine innere Stimme hat noch nie eine Fehlentscheidung getroffen.

Diese zwei Ebenen von Vertrauen – die Sicherheit im Kopf und das »echte« Vertrauen im Bauch bzw. im Herzen – gehören für mich untrennbar zusammen. Mittlerweile steigere ich mich in Probleme nicht mehr hinein. Beispielsweise hatte ich ein Event in Berlin organisiert und konnte nicht selbst vor Ort sein. Der Schauspieler, den ich dafür gebucht hatte, erwies sich als unzuverlässig und kompliziert. Aber statt mich verrückt zu machen, habe ich eine Lösung »bestellt« und darauf vertraut, dass trotzdem alles gut über die Bühne gehen wird – und so war es dann auch.

Unabdingbar ist es für mich auch, mich immer wieder zu fragen: Wo will ich hin? Die meisten Menschen wissen nicht, was sie wollen, sondern nur, was sie gerade nicht wollen. Doch meine eigene Erfahrung zeigt, dass mit Visionen plötzlich Türen aufgehen, die man vorher nicht einmal gesehen hat. Es sollte zum täglichen Ritual werden, sich in Ruhe hinzusetzen und zu überlegen, wie man sich das eigene Leben und das eigene Unternehmen wünscht und wo man hinmöchte. Das braucht eine innere Klarheit und viel Selbstdisziplin. Doch wenn es uns gelingt, können wir darauf vertrauen, dass es so kommen wird – sofern keine negativen Glaubenssätze oder Blockaden vorhanden sind. Denn unsere Gedanken formen unser Verhalten und schlussendlich unsere Lebensrealität. Wir haben das Gelingen also in jedem Moment selbst in der Hand bzw. im Mindset.

Zum Beispiel habe ich mir neulich für eine bestimmte Position in meinem Unternehmen einen Traum-Mitarbeiter ausgemalt – ich überlegte, was diese Person fachlich und menschlich mitbringen soll, welchen Charakter und familiären Background sie haben soll. Und genau dieser Mensch, der perfekt zu meinem Stellenprofil passte, hat sich dann beworben! So ist das bei mir meistens: Früher oder später kommt genau das, was ich mir gewünscht habe.

Je weniger Gewicht ich auf die einzelnen Themen lege, desto lockerer geht es. Das ist echt unglaublich! Das Einzige, was es braucht, ist ein zielgerichteter Wille, um die laute Welt auszublenden und in die Ruhe zu gehen – und dann voller Vertrauen der inneren eigenen Stimme zu lauschen und ihr zu folgen. Ob Meditationen, Atemübungen oder eine Veränderung des Fokus auf Fülle, wenn Mangelgefühle da sind – es gibt unzählige Möglichkeiten, sich und seine Gedanken auszurichten. Gerade im unternehmerischen Alltag ist es unglaublich wichtig, einfache Wege zu kennen, mit deren Hilfe sich das Vertrauen in sich, den eigenen Körper und das unternehmerische Wirken stärken lässt. Dazu muss man nicht unbedingt jeden Tag viel Zeit aufwenden! Ich selbst bin zum Beispiel durch meine Firma und meine vier Kinder gezwungen, meine Zeit möglichst effektiv zu nutzen. Darum habe ich es mir zur Gewohnheit gemacht, mich morgens bei einer Duschmeditation mit mir zu verbinden und auf meinen Tag auszurichten. Dazu stelle ich mir vier einfache Fragen: Wer will ich heute sein? Wie will ich mich heute fühlen? Was will ich heute geben? Was will ich heute empfangen? Für mich funktioniert das wirklich gut. Ich möchte Dich daher zum Ausprobieren ermutigen, um die für Dich passenden Methoden zu finden, mit denen Du den Herausforderungen des (Unternehmer-) Lebens mit Leichtigkeit und Vertrauen begegnen kannst.

2.3 DER WEG ÜBER BEZIEHUNGEN

Persönliche Beziehungen werden massiv durch die Frage geprägt, ob Nähe, Kommunikation und Vision positiv realisiert werden. Das entscheidet darüber, ob die Beziehung an sich funktioniert – sei es eine Liebesbeziehung oder die familiäre Beziehung zwischen Eltern, Kindern und Großeltern. Alle möglichen Arten von Beziehungskonflikten können auf das Vorhandensein oder den Mangel von Vertrauen zurückgeführt werden.

Der Aufbau von Vertrauen ist somit einer der Schlüsselfaktoren, um einer kriselnden Beziehung wieder eine stabile, glückliche Grundlage zu geben. Die Krux dabei: In persönlichen Beziehungen ist es besonders herausfordernd, aus alten Mustern auszubrechen und neues Vertrauen aufzubauen, wenn es einmal beschädigt wurde.

Worüber in einer Beziehung jedoch konkret gestritten und diskutiert wird, ist in den meisten Fällen gar nicht das eigentliche Problem. Stattdessen geht es um etwas tieferliegendes. Nehmen wir einmal ein bekanntes Szenario: Über Jahre haben sich kleine Probleme angesammelt, die dann ganz plötzlich massiv explodieren und unüberwindbar scheinen – und so bricht über einen vergessenen Einkauf plötzlich ein Streit aus, der die ganze Beziehung in Frage stellt:

»Ist es denn so schwer, einfach mal eine Packung Milch mitzubringen, wenn du von der Arbeit nach Hause kommst? Du kommst so spät. Wo hast du dich denn stattdessen rumgetrieben?«

»Kannst du es nicht einmal lassen, an mir herumzukritteln – immerhin hast du mir die ganze Verantwortung fürs Geldverdienen hingeschoben, während du hier bequem zu Hause sitzt! Ich bin jetzt müde, es war ein langer Tag, lass mich in Ruhe.«

»Wie bitte? Ohne mich würde hier gar nichts laufen, du hättest nicht einmal ein sauberes Hemd, um es morgen in deinem ach so wichtigen Meeting anzuziehen! Und da kannst du nicht mal ...«

Wie eine solche Konversation weitergeht, kann man sich denken. Aber was die vielen kleinen und großen Streitanlässe im Kern verbindet, ist oft enttäuschtes Vertrauen. Denn: Wäre ein tief empfundenes Vertrauen in der Beziehung vorhanden, würden die angesammelten Kleinigkeiten gar nicht erst so wichtig genommen. Der eine Partner würde die Milch einfach selbst holen und Verständnis für das Ruhebedürfnis des anderen haben. Oder aber: Der vergessliche Partner würde schnell selbst noch einmal losfahren, und bei der Gelegenheit gleich noch ein Stück Kuchen für den Nachtisch mitbringen …

Blicken beide Partner jedoch durch die Brille des Misstrauens auf ihr jeweiliges Gegenüber, wird jedes Verhalten, das von den Erwartungen abweicht, zum Anlass für Misstrauen: Er kommt doch nur zu spät, weil er noch nicht zu mir nach Hause wollte. Sie meckert doch nur so viel, weil sie sich insgeheim einen Partner wünscht, der öfter zu Hause ist. Er vergisst doch nur die Milch, weil ich ihm eigentlich gar nicht wichtig bin. Nie kann ich es ihr recht machen, eigentlich liebt sie mich gar nicht … Auf diese Weise bekommen beide Partner immer wieder eine Bestätigung dafür, dass sie dem anderen nicht vertrauen können.

Ich habe eine umfangreiche Ausbildung im Bereich Beziehungscoaching absolviert und im Zuge dessen viel über das Thema Beziehungen und ihre Dynamiken von Dr. Chuck Spezzano gelernt. Dabei erkannte ich, dass es für die Rehabilitation des Vertrauens nie ausreicht, an der Oberfläche zu bleiben. Es reicht nicht, sich an diesen Streitanlässen abzuarbeiten und konkrete Lösungen für oberflächliche Reibereien zu finden. Wenn wir bei unserem Beispiel der vergessenen Milch bleiben: Natürlich könnte man daran arbeiten, Absprachen verlässlicher einzuhalten und einander öfter mal zu sagen, dass man die Arbeit des anderen schätzt – aber das bekämpft nur die Symptome, nicht die Ursache.

Trotzdem verharren insbesondere Liebespaare oft an der Oberfläche der Konfliktlösung, indem sie sich an bestimmten Verhaltensweisen abarbeiten – nur, damit die Beziehung dann doch an der vergessenen Milch, am hochgeklappten Klodeckel oder der falsch zugedrehten Zahnpasta scheitert. Das ist absurd, denn darum geht es im Kern überhaupt nicht. Es geht um das Ernstnehmen von echten menschlichen Bedürfnissen. Dem Bedürfnis nach Verbindung, nach Aufrichtigkeit, nach Respekt, nach Vertrauen.

Vertraut sich ein Paar vollständig, dann sind sie entspannt miteinander und nehmen weder Klodeckel noch Zahnpasta so wichtig. Es ist wirklich so einfach: Vertrauen entspannt, beugt kleinlichen Konflikten vor, erhöht das Verständnis füreinander und führt dazu, dass die Beziehung eine Zukunft hat.

Ich glaube daher, dass wir in puncto Beziehungen alle aufgerufen sind, mutig zu sein und tiefer zu schauen. Welche Ängste, Hoffnungen, versteckte Erwartungen und unerfüllte Bedürfnisse ruhen in uns? Wenn wir uns mutig all diesen Dingen zuwenden, die unter der Oberfläche unserer Konflikte liegen, dann finden wir dort natürlich auch Unangenehmes – wie Erlebnisse aus unserer Vergangenheit, die uns tief geprägt haben. Dabei dürfen wir uns meines Erachtens jedoch eines bewusst machen: Wir sind nicht die Summe der Erlebnisse unserer Vergangenheit. Stattdessen betrachten wir die Vergangenheit aus unserer Gegenwart heraus. Wir analysieren die Vergangenheit im jetzigen Moment und beurteilen sie nach den Werten und Maßstäben unseres jetzigen Ichs. Wir betrachten »schlechte« oder »gute« Erfahrungen aus der Vergangenheit, und wir leiten die Bewertungen unserer Gegenwart aus ihnen ab. Im Bereich der Beziehungscoachings gilt es daher, zu lernen, die Vergangenheit neu zu betrachten, sie neu zu bewerten und eine neue Brille zu entwickeln, durch die wir die Vergangenheit, die Gegenwart und auch die Zukunft neu sehen können.

Im Rahmen solcher Coachings durfte ich erleben, dass viele alte und längst vergangene Erlebnisse in den Bereich des Vertrauens hineinwirken: Es gibt beispielsweise eine Angst davor, sich neu einzulassen, weil man zuvor schlechte Erfahrungen gemacht hat. Verweilt eine Person in dieser Angst, dann verliert sie aus dem Blick, dass ihr gegenwärtiger Partner keine Schuld an den vergangenen Erlebnissen trägt; er ist nur ein Symbol dessen, was in der Vergangenheit geschehen ist. Nun ist dieses Buch nicht dazu geeignet, therapeutische Beziehungshilfe zu leisten, indem wir alte Kindheitstraumata oder vergangene Beziehungen aufarbeiten. Nichtsdestotrotz appelliert es, bei sich selbst immer tiefer zu schauen, unter die Oberfläche zu gehen.

2.3.1 WO STEHEN WIR?

Im Grunde genommen haben sich die menschlichen Bedürfnisse seit Jahrhunderten kaum verändert. Wir fühlen eine tiefe Sehnsucht nach einer vertrauten, vertrauensvollen und hingebungsvollen Beziehung, in der man einander stützt und gemeinsam durch ein ganzes Leben schreitet. Gerald Hüther und Christoph Quarch thematisieren in ihrem Buch »Rettet das Spiel!«, dass Kinder, die in ihrer Kindheit nicht bedingungslos geliebt werden, im Erwachsenenalter einen Ersatz für dieses Gefühl suchen: Prestige, viel Geld, Macht und Einfluss sind prominente Ergebnisse dieses Strebens. Manchmal ist es auch das Taumeln von einer Beziehung in die nächste, getrieben von dem Wunsch, endlich »richtig« geliebt zu werden. Kinder streben frühzeitig danach, alles für die Liebe ihrer Eltern zu tun. Wenn die Eltern ihre Liebe – oder ihre Liebesbezeugungen – jedoch an Leistung oder bestimmte Verhaltensweisen knüpfen, werden die Kinder zu einer Art »Erwartungserfüller«. Sie werden scheinbar nicht für das geliebt, was sie sind, sondern lernen, dass ein bestimmtes Verhalten mit Liebe quittiert wird (vgl. Hüther & Quarch, 2016). Doch es muss gar nicht so dramatisch kommen. Die Sehnsucht nach bedingungsloser Liebe scheint jeden Menschen mehr oder weniger anzutreiben, auch, wenn er eine glückliche und liebevolle Kindheit verbringen durfte.

Gleichzeitig können wir aber beobachten, dass seit 1991 die Anzahl der Single-Haushalte in Deutschland stetig steigt und 2022 mit rund 16 Millionen Einpersonenhaushalten ihren (traurigen) Höhepunkt erreichte (Statistisches Bundesamt, zitiert nach de.statista.com, 2023b). Zwischen 2012 und 2022 sind die Scheidungsraten in Deutschland zwar kontinuierlich gesunken, trotzdem bleiben Paare hierzulande im Schnitt nicht länger als 15 Jahre zusammen (Statistisches Bundesamt, 2023c). Leider bedeutet das zusätzlich, dass minderjährige Kinder oft von Trennungen betroffen sind; in mehr als der Hälfte der Scheidungen ist das so. Viele Menschen wollen oder können also nach einer gewissen Zeit nicht mehr gemeinsam durchs Leben gehen, ganz entgegen ihrer empfundenen Sehnsucht nach dem Partner fürs Leben.

Die Bezeichnung »Lebensabschnittsgefährte« ist also nicht aus der Luft gegriffen, sie entspricht der gelebten Wirklichkeit. Offenbar wünschen wir uns zwar sehr, einen Seelenpartner zu finden, haben aber nicht mehr den Glauben daran, dass es gelingen kann oder sollte. Dieser innere Widerspruch erzeugt Frustration.

Im gelebten Verhalten führt das zu einer Ambivalenz mit weitreichenden Folgen: Auf der einen Seite möchten wir, dass ein anderer Mensch uns vertraut, dass er für uns da ist, sich einlässt und sich hingibt. Doch gleichzeitig gehen wir selbst ein sicheres Stück zurück und sagen: »Aber nicht zu nah und nicht zu viel!« Wir bauen Mauern auf, um uns vor Enttäuschungen und Verletzungen zu schützen – womit wir jedoch unseren Teil dazu beitragen, dass keine vertrauensvolle Beziehung entsteht. So verhindern wir ohne Absicht, dass sich unsere Sehnsüchte erfüllen können und bestätigen stattdessen unsere schlimmen Erwartungen.

2.3.2 WIE SIND WIR HIERHERGEKOMMEN?

Fehlt in einer Beziehung das Vertrauen, dann lohnt es sich, gemeinsam die besprochenen Ebenen Nähe, Kommunikation und Vision anzuschauen. Wie bestimmt unsere Haltung zu diesen drei Ebenen, wie vertrauensvoll die Beziehung empfunden und gestaltet werden kann?

MANGEL AN NÄHE

In Coachingsitzungen habe ich oft erlebt, dass ein Partner auf den anderen zeigt und andersherum, ganz nach dem Motto: »Ich würde ihm ja gerne näher sein, wenn er mal bereit wäre, sich zu öffnen.« Das Problem dabei: Dieses Spiel kann man endlos spielen. Wenn ich dem anderen die Schuld gebe, übergebe ich ihm auch Verantwortung für mein Handeln oder Nichthandeln. Verantwortung lässt sich aber nicht delegieren oder abgeben. Egal, was mein Gegenüber tut: Ich trage immer die vollständige Verantwortung für mein eigenes Handeln. Ziehe ich mich jedoch auf die Position zurück, der andere müsse sich erst ändern, manövriere ich die Beziehung in die Bewegungsunfähigkeit. »Wem man die Schuld gibt, dem gibt man die Macht.« Dieses alte Sprichwort erfüllt sich in Partnerbeziehungen besonders anschaulich.

In puncto Nähe ist der erste Schritt wahrscheinlich der schwierigste. Denn er bedeutet, sich verletzlich zu machen und sich zu öffnen. Er bedeutet, zu erkennen, dass Verletzlichkeit unser größter Schutz ist, wie auch Brené Brown es sinngemäß formuliert (vgl. Brown, 2012). Ich habe in Beziehungscoachings außerdem oft einen Satz gebraucht, der sich auf meine Erfahrungen aus den Seminaren mit Chuck Spezzano stützt: »Mauern, die wir bauen, ziehen magnetisch das an, wogegen sie uns eigentlich schützen sollten.« Darin klingt an, was wir zuvor hinsichtlich der Ambivalenz besprochen haben, in der wir uns auf der Beziehungsebene befinden.

Was bedeutet der Satz jedoch konkret für uns? Jedes Mal, wenn unser Herz durch eine scheiternde Beziehung bricht, ziehen wir eine Mauer um uns herum, auf der geschrieben steht: »Das passiert mir nicht noch mal!« Diese Mauer verhindert jedoch das Entstehen einer vertrauensvollen, ehrlichen, offenen Beziehung – und zieht somit magnetisch das an, wogegen es uns eigentlich schützen soll: den nächsten Herzensbruch. Was folgt daraus? Dass Brené Brown sicherlich recht hat: Die sicherste Verteidigung ist die Verletzlichkeit – die größtmögliche Offenheit, die ich dem anderen anbieten kann. Damit öffnen sich Türen für Neues, Heilsames, Gesundes.

MANGEL AN KOMMUNIKATION

Paare, die nicht mehr miteinander reden, zumindest nicht mehr in der Tiefe; Paare, die nebeneinander herlaufen, ohne zu wissen, wie es dem anderen eigentlich wirklich geht; Paare, die vollkommen versteinert und verharrt sind: Das habe ich in meinen Coachingsitzungen oft erlebt. Aber: Fast genauso oft habe ich erlebt, dass zwei Menschen plötzlich wieder in der Lage waren, offen, ehrlich und liebevoll miteinander zu reden. Und die Veränderung, die im Verhältnis zwischen diesen beiden Menschen dann auftritt, ist erstaunlich. Was es dafür braucht? Im Grunde ist es einfach, aber gleichzeitig eine enorme Herausforderung. Es braucht eine gesunde, offene, klare Kommunikation, die auf Vertrauen fußt.

Der US-amerikanische Psychologe John Gottmann hat dazu eine sehr bekannte und empirisch belegte Beobachtung gemacht. Er untersuchte 40 Jahre lang über 3000 Paare und formulierte eine Konstante: Glückliche Paare erleben positive Momente und Konflikte im Verhältnis 5 zu 1. Das heißt: Einem Streitmoment setzen glückliche Paare mindestens fünf positive gemeinsame Erlebnisse, Erfahrungen oder Momente entgegen. Das Resultat: Streit wiegt nicht so schwer, kann eher gelöst, eingeordnet oder relativiert werden (vgl. Gottmann & Silver, 2015). Doch wie löst man einen Streit, wie ordnet man ihn ein oder relativiert ihn? Mit der richtigen Kommunikation. Hier kann uns beispielsweise wieder die Gewaltfreie Kommunikation nach Marshall Rosenberg (vgl. 2012) helfen. Auch, wenn diese eher für therapeutische Anwendungen entwickelt wurde und nicht immer einer Belastungsprobe im Alltag standhalten kann, lohnt es sich, ihre Grundannahmen zu kennen.

Die Gewaltfreie Kommunikation lädt uns in vier Schritten dazu ein, gewohnte, automatische und festgefahrene Verhaltensmuster hinter uns zu lassen. Stattdessen dürfen wir ganz bewusst wahrnehmen, was wir brauchen, um eine empathische, aufrichtige Verbindung mit uns selbst und unserem Partner einzugehen. »So geht es mir. So fühle ich mich. Das sind die Dinge, die in mir sind. So betrachte ich unsere Beziehung.«

Konkret sehen die vier Schritte so aus:

• **An erster Stelle steht die sachliche Beobachtung.**
  Wir betrachten eine konkrete Situation – ohne Bewertungen, persönliche Interpretationen und (Vor-)Urteile. Beispiel: »Ich kam nach Hause und du begannst unmittelbar ein Gespräch mit mir.«

• **An zweiter Stelle betrachten wir die Gefühle.**
  Wir spüren unseren entsprechenden körperlichen Empfindungen nach – ein Kloß im Hals, aufsteigende Hitze? Was für ein Gefühl hängt mit diesem Empfinden zusammen? Traurigkeit, Wut? Wir sprechen an dieser Stelle nur über Gefühle; es geht also beispielsweise um »Wut« und nicht um »sich bedrängt fühlen« oder »genervt sein« – denn diese Beschreibungen nehmen inhaltlich bereits Bezug auf den Partner.

• **An dritter Stelle schauen wir uns unsere Bedürfnisse an.**
  Welches Bedürfnis liegt hinter dem beobachteten Gefühl? Das Bedürfnis nach Respekt? Nach Raum? Ein Bedürfnis steht immer für sich selbst und nimmt keinen direkten Bezug auf andere. Wir formulieren also nicht: »Ich habe ein Bedürfnis danach, dass du still bist« sondern bleiben bei uns selbst: »Ich habe ein Bedürfnis nach Ruhe.«

- An vierter Stelle wird eine Bitte formuliert.

  Jetzt wird in eine klare, kurze und konkrete Bitte verpackt, was wir in den ersten drei Schritten erforscht haben. Eine Bitte ist jedoch kein Zwang und darf daher auch unbeantwortet bleiben oder abgelehnt werden. Beispiel: »Ich kam nach Hause und du begannst unmittelbar ein Gespräch mit mir. Ich fühle eine Enge und eine Wut in mir. Ich spüre, dass ich ein Bedürfnis nach Ruhe habe. Ich bitte dich, mir eine Stunde Zeit zu geben, wenn ich von der Arbeit nach Hause komme.«

Natürlich sollte diese Form der Kommunikation nie zur Strategie oder zum Dogma werden. Aber wird auf diese oder ähnliche Weise kommuniziert, dann gibt es Klarheit, Einfachheit und Ehrlichkeit. Mein Partner wird, wie am Anfang des Kapitels besprochen, wieder zum »offenen Buch« für mich. Ich kenne seine Empfindungen, seine Bedürfnisse und seine Wünsche. Ich kann aufrichtige Empathie entwickeln, und zwar auch für Verhaltensweisen, die mir selbst eher fremd sind – ganz ohne Widerstand. Als Paar können wir mithilfe einer solchen Kommunikation Nähe herstellen und Vertrauen aufbauen; denn wir sind offen miteinander und kommunizieren ohne versteckte Hintertüren, doppelte Botschaften oder subtile Vorwürfe.

MANGEL AN VISION

Fehlt es in der Beziehung an aufrichtiger, klarer und respektvoller Kommunikation, dann mangelt es vermutlich auch an einer gemeinsamen Vision. Denn gemeinsam auf ein Ziel hinzuarbeiten, sich einer Sache wirklich zu verschreiben und mit vereinten Kräften an einem Strang zu ziehen – das erfordert eine offene, gemeinsame Sprache, mit der jederzeit der gemeinsame Grund ehrlich besprochen werden kann. Es geht also um die folgenden Fragen:

- *Wohin bzw. wonach richtet sich die Beziehung aus?*
- *Wohin will sie sich entwickeln?*
- *Was will das Paar gemeinsam in diese Welt bringen?*
- *Haben die beiden Menschen eine gemeinsame Vision – oder verfolgt jeder für sich seine eigenen Projekte?*

Eine gemeinsame Vision kann einer Beziehung Tragfähigkeit verleihen, ihr Schutz bieten und sie souverän auch durch schwere Zeiten hindurchgehen lassen. Sie kann es möglich machen, dass ein Paar »in guten wie in schlechten Zeiten«

gemeinsam vorangeht. Ähnlich wie auf der gesellschaftlichen und der unternehmerischen Ebene ist eine Vision also auch für partnerschaftliche Beziehungen von zentraler Bedeutung.

2.3.3 WO WOLLEN WIR HIN?

Wenn von der Suche nach dem Glück die Rede ist, dann gehen wir oft davon aus, dass sich Glück allein finden lässt. Ratgeberliteratur, Meditationsangebote und Achtsamkeitstrainings stützen diesen Ansatz. Im asiatischen Zen-Buddhismus, auf den sich viele Achtsamkeits- und Glücksratgeber stützen, ist das zentrale Anliegen beispielsweise das reine Erleben des gegenwärtigen Augenblicks und des gegenwärtigen Bewusstseins – und das lässt sich tatsächlich nur allein schaffen. Das Individuum wird im Zen bewusst und absichtsvoll ganz auf sich selbst zurückgeworfen, um zu einer möglichst klaren Erkenntnis seiner selbst im gegenwärtigen Moment gelangen zu können. Der japanische Zen-Meister Kodo-Sawaki sagte: »… Das Problem, um das es gehen muss, bist du selbst. Es ist dein Problem, und um dieses Problem muss sich dein Leben drehen« (Gogos, 2012). Sicherlich – zu einer klaren Erkenntnis oder gar zur Erleuchtung zu gelangen, das macht erfüllt und glücklich. Und sicherlich schaffen das auch einige Menschen; und so weise es grundsätzlich auch sein mag, das eigene Glück nicht von einem Partner abhängig machen zu wollen: Ich glaube, dass in uns immer noch eine Art Ur-Sehnsucht wohnt, ein verzweifelter Wunsch, zu zweit durch das Leben zu gehen.

Die Wissenschaft ist in dieser Sache auch noch auf der Suche nach der ultimativen Antwort. Viel spricht dafür, dass Liebe, evolutionär betrachtet, adaptiv ist und spezifische Problematiken wie Reproduktion und Überleben mit komplexen Mechanismen der Anpassung löst (vgl. Buss, 2018). Jüngere psychologische Studien finden erste Indizien dafür, dass die wissenschaftliche Untersuchung der sozialen Partnerwahl sehr auf westlichen Datensätzen beruht – und damit zu kurz greift. Die Autoren führten deshalb eine Studie in einer tansanischen Gemeinschaft (die der Hadza) durch, die noch wie Jäger und Sammler leben. Das Ergebnis: Es scheint möglich, dass unsere Präferenz der Partnerwahl teils auch kulturell beeinflusst ist (vgl. Smith & Apicella, 2020). Das heißt: Wir »Westler« wachsen mit der Vorstellung einer erfüllenden Paarbeziehung auf – und streben somit kraftvoll danach.

Auch bei der jungen Generation zeigt sich dieser Wunsch. Die letzte Shell Jugend-
studie von 2019, welche alle vier Jahre die Wertvorstellungen, Ziele, politischen
Ansichten und weitere Parameter der Kohorten der 12- bis 25-Jährigen untersucht, liefert dazu interessante Einblicke. Soziale Beziehungen und die Familie
rangieren mit großem Abstand auf dem ersten Platz der bedeutendsten Werte
junger Menschen – sie lassen sogar die Punkte »Unabhängigkeit« und »Eigenver-
antwortlichkeit« hinter sich (vgl. Albert et al., 2019). Gleichzeitig gibt es offenbar
ein großes Problem: Einsamkeit und daraus resultierende, mögliche Folgen für die
Gesundheit haben sich stark verstärkt. Eine Studie der EU-Kommission beziffert
einen Anstieg von 12 Prozent im Jahr 2016 auf 25 Prozent nach den ersten Monaten der Pandemie 2021 (vgl. Thomas, 2022). Diese Zahlen sind fundiert und
gehen auf die regelmäßige Befragung von 15.000 Haushalten EU-weit zurück.
Interessant und traurig ist die Erkenntnis der Studie, dass die Einsamkeit junger
Menschen auch verstärkt im Zusammensein mit Familie oder anderen engen Personen auftrat. Die Autorin macht darauf aufmerksam, dass Einsamkeit und Allein-
sein oft nicht klar abgegrenzt voneinander analysiert werden – und dass deshalb
Einsamkeit in Krisensituationen, wie beispielsweise Scheidungen in Haushalten
Alleinerziehender, bislang unzureichend erforscht ist. Vereinsamende Lebensbe-
dingungen müssen also, so auch eine Lehre aus der Pandemie, viel eingehender
untersucht werden (Thomas, 2022, 108 ff.). Junge Menschen streben weiterhin
nach erfüllenden Beziehungen und sehen sich gleichzeitig oft einer belastenden
Einsamkeit ausgesetzt. Dieser Konflikt muss natürlich zu Frustration führen. Sicherlich tragen auch die Sozialen Medien einen Teil zur Vereinsamung bei – das
wäre aber noch einmal ein ganz eigenes Thema.

Wichtiger ist aus meiner Sicht noch ein weiteres Problem: Ich glaube, dass die Vorstellung von einer Beziehung, die auf einem gemeinsamen Lebensweg basiert, in
uns Menschen stark idealisiert ist. Die glitzernde Scheinwelt Hollywoods hat sicherlich auch einen Teil dazu beigetragen. Der starke Wunsch, dieser Idealvorstel-
lung zur Realität zu verhelfen, führt einige Menschen nun viel zu weit; sie gehen
zahlreiche Kompromisse ein, stellen ihre eigenen Bedürfnisse zurück und ihre Le-
bensziele hinten an, nur um eine Beziehung irgendwie noch zu retten oder aufrechtzuerhalten. Das geschieht auch in Beziehungen, die so wenig gemeinsame
Grundlage bieten, dass eine Trennung vielleicht für beide Seiten die gesündere
Option wäre. Trotzdem halten viele Menschen an solchen Beziehungen fest. Der

dem zugrunde liegende psychologische Mechanismus heißt »Sunken Cost Fallacy« oder »Ausgabeneffekt«: Je mehr ich an Energie, Arbeit und Zeit in eine Beziehung, ein Projekt oder ähnliches investiert habe, desto unwahrscheinlicher wird es, dass ich noch kehrt mache, mich umentscheide, aufgebe oder mich neu orientiere (vgl. Kahnemann & Tversky, 1979). US-Milliardär Warren Buffet fasste das einmal so zusammen: »The most important thing to do if you find yourself in a hole is to stop digging« [Wenn du in einem Loch steckst, ist es das Wichtigste, mit dem Graben aufzuhören] („Warren Buffet's", 2007).

Das zeigt noch einmal, wie komplex unsere Beziehungsmuster sind. Aber damit nicht genug: Die längste weltweit je durchgeführte Studie über die Gründe menschlichen Glücks ist die Harvard Study of Adult Development. Inzwischen sind es mehr als 80 Jahre, in denen die Forscher die Teilnehmenden der Studie von der Jugend bis ins hohe Alter ganz genau verfolgen und daraus lernen möchten. Jobs, Beziehungen, mentale Gesundheit, körperliche Fitness – was spielt welche Rolle, was wirkt sich wie aus? Die Haupterkenntnis aus diesem immensen Studienaufwand lautet bisher: Enge Beziehungen und soziale Verbindungen sind für unsere Gesundheit von enormer Wichtigkeit – über die gesamte Lebensspanne. Die Wissenschaftler formulieren die Hypothese, dass enge, vertrauensvolle und liebevolle Verbindungen eine Art Stress-Regulator sind und uns vor den Zivilisationskrankheiten schützen. Sie helfen uns, unser Gleichgewicht wiederherzustellen. Noch ein spannendes Resultat der Studie: Die Ehe ist, im Schnitt, ein wichtiger Faktor für langwährendes Glück im Leben. Sie durchläuft jedoch mehrere Phasen, die eng an größere Lebensveränderungen wie die Geburt und den Auszug von Kindern gebunden sind. Fest steht jedoch: Einen festen Partner zu haben, der einem emotionalen Halt und Unterstützung gibt – das wirkt sich äußerst positiv auf unsere mentale und körperliche Gesundheit aus (vgl. Harvard Second Generation Study, o. D.).

Deswegen ist meine Zielvision, trotz aller Schwierigkeiten und Herausforderungen, das Leben gemeinsam zu meistern. Das Vertrauen eines anderen Menschen zu genießen, sich offen auszutauschen und jemanden zu haben, mit dem man ebenso lachen wie weinen kann: All das sind aus meiner Sicht entscheidende Faktoren für das persönliche Gefühl von Glück, Zufriedenheit und Erfüllung.

2.3.4 WAS KÖNNEN WIR TUN?

PRÄSENZ

Tauscht man sich mit Beziehungscoaches und Beziehungsberatern aus, so stellt man fest, dass die Hauptbeschwerde bei Paaren fast immer in der mangelnden Präsenz zu finden ist. Ein Partner hat das Gefühl: »Der andere ist nicht vollständig bei mir, der andere hört mir nicht zu, er versteht mich gar nicht.« Gesellschaftlich ist nun auch oft vom »phubbing« die Rede – das Wort ist ein Neologismus aus »Phone« und »Snubbing« [jmd. vor den Kopf stoßen] und beschreibt den Zustand, dass Menschen in der realen Welt beieinander sind, aber jeder für sich auf das Smartphone schaut. Dabei belohnt uns die Nutzung der Sozialen Medien tendenziell auch noch für narzisstisches Verhalten; so besteht ein reales Gespräch zu etwa 60 Prozent aus dem Zuhören, während sich bei einer Kommunikation über die Sozialen Medien rund 80 Prozent der Inhalte um Selbstbezogenes drehen (vgl. Herbe, 2018). So können echte Nähe und aufrichtige Kommunikation schwerlich entstehen.

Dem Gegenüber Präsenz zu schenken, ohne in Gedanken abzuschweifen oder fortwährend Kommentare abzugeben: Das hat eine transformatorische Kraft. Eine dazu passende und wirklich augenöffnende Erkenntnis haben einige Forscher das »Michelangelo-Phänomen« getauft. Durch tiefe Beschäftigung mit dem Partner und dem richtigen »Hinsehen« identifizieren Partner ihre versteckten Potenziale und Bedürfnisse – und helfen dem jeweils anderen dabei, sie zu entwickeln und zum Vorschein zu bringen. Sie holen, sozusagen, gegenseitig das Beste aus dem jeweils anderen heraus und schaffen somit behutsam eine fein konturierte Skulptur, wie einst Michelangelo (vgl. Rusbult et al., 2009). Wie das funktioniert? Durch Präsenz, durch Empathie, tiefes Verständnis, Reflexion und konkrete Unterstützung durch den Partner. Wenn wir präsent sind, gibt es keinerlei Barrieren mehr. Wir sind da, wir sind offen, wir hören zu. Wir nehmen einander wirklich wahr. Und dieses Gefühl ist unerlässlich, wenn wir unsere Beziehung auf Vertrauen gründen wollen.

VERLETZLICHKEIT

Verletzlichkeit: Das bedeutet, sich so zu zeigen, wie man ist. Es bedeutet, offen zu sein, keine Barrieren oder Mauern aufzubauen. Es bedeutet, zu zeigen, wie man sich wirklich fühlt. Und all das bedeutet auch: Verletzlichkeit ist eine wesentliche Voraussetzung für Präsenz.

Viele Menschen haben in ihrer Partnerschaft das Gefühl, nicht zu wissen, was bei ihrem Partner los ist, wie er sich fühlt oder was er denkt. Das schafft Distanz, Hilflosigkeit, Ohnmacht und vielleicht irgendwann Wut. An dieser Stelle kommt die Verletzlichkeit ins Spiel: Wenn ich mich verletzlich mache, dann ziehe ich keine Mauern um mich herum, sondern lasse meinen Partner wissen, was bei mir los ist. Ich ziehe mich nicht zurück, sondern zeige mich offen und bin auch mutig genug, meine schwachen Seiten zu zeigen, meine Gefühle zu offenbaren und die Wahrheit zu sprechen. Das sind die drei Kernfaktoren der Verletzlichkeit.

Vor einigen Jahren habe ich im Zuge eines Workshops eine transformierende Übung kennengelernt: Man setzt sich als Paar gegenüber. Einer der beiden Partner spricht 5 Minuten lang über etwas, das ihn gerade bewegt, was in ihm ist, was er fühlt. Der andere darf dazu keine Äußerungen machen; er darf weder nicken noch etwas sagen. Stattdessen ist er einfach präsent, verletzlich und hört mit voller Aufmerksamkeit offen zu. Anschließend werden die Rollen getauscht und die andere Person spricht 5 Minuten über ihre innere Situation. Diese ungeteilte Aufmerksamkeit wirkte in meiner Erfahrung kraftvoll auf beide Seiten; der Zuhörende hatte das Gefühl, besser zu verstehen, was sein Gegenüber wirklich bewegte; der Sprechende wiederum fühlte sich ganz neu gehört und verstanden. Beiden Partnern blieb am Ende das Gefühl einer intensiv empfundenen Nähe.

IMPULS VON SUSANNE ERNST

Coach, Aikido-Trainerin, Autorin

Vertrauen ist das Fundament jeder erfüllenden Beziehung. Wie ein unsichtbares Band verbindet es zwei Menschen miteinander und gibt ihnen das sichere Gefühl, geliebt und verstanden zu werden. Ohne Vertrauen kann eine Beziehung leicht ins Wanken geraten.

In der Anfangsphase einer Beziehung stehen oft romantische Gefühle und Leidenschaft im Vordergrund. Die Partner sind dabei, sich kennen und lieben zu lernen. Sie möchten sich gegenseitig glücklich machen und tun alles dafür, die Bedürfnisse des anderen zu erfüllen.

Doch nach einer gewissen Zeit, wenn die Beziehung an Tiefe gewinnt, tauchen Konflikte und Machtkämpfe auf. Die individuellen Bedürfnisse und Erwartungen der Partner kommen stärker zum Vorschein und jeder Partner versucht, den anderen zu kontrollieren, um diese Bedürfnisse befriedigt zu bekommen. Beide Partner wollen sicherstellen, dass nichts Unvorhergesehenes passiert. Alle Konflikte drehen sich letztlich um die Frage, wer wessen Bedürfnisse zuerst erfüllt. Darin spiegelt sich die Angst wider, sich einen Schritt weiter in die Beziehung hinein und damit auf eine tiefere Ebene der Intimität zu wagen. Aus meiner langjährigen Erfahrung heraus weiß ich, dass es uns allen wirklich Angst macht, uns tief auf eine Beziehung einzulassen.

Wenn Du mit Deinem Partner streitest, willst Du gewinnen. Doch es geht auch anders: Du kannst auch ein größeres Spiel spielen, bei dem beide Partner gewinnen und glücklich sind! Denn immer, wenn Du gewinnst, bedeutet das, dass Dein Partner verliert. Es ist also nur eine Frage der Zeit, bis Dein Partner sich

»überraschend« rächt oder komplett von Dir zurückzieht. Darum lohnt es sich her-auszufinden, wie Du eine Brücke für beide Seiten bauen kannst.

Auf einer unbewussten Ebene repräsentiert Dein Partner einen Selbstanteil von Dir, mit dem Du Dich nicht identifizierst. Mit anderen Worten: Charaktereigen-schaften, die Du an Dir selbst ablehnst, lebt Dein Partner an Deiner statt aus. Da-her ist jeder äußere Konflikt eigentlich ein innerer Konflikt. Beispielsweise könnte es Dich stören, dass Dein Partner so geizig ist. Wenn Du nun Deinen Partner dafür verurteilst, bringt das niemanden weiter. Wenn Du jedoch in der Lage bist, Deinem Partner diesen Geiz zu vergeben, dann vergibst Du auch Deinem eigenen unbe-wussten Geiz. Auf diese Weise können sich Deine widersprüchlichen Selbstanteile versöhnen und der Streit mit Deinem Partner löst sich auf.

Die Lösung jedes Beziehungskonflikts liegt in der Hingabe zu ehrlicher Kommuni-kation. Ein offener Austausch von Gefühlen und Erwartungen schafft eine Atmo-sphäre von Verständnis und Vertrauen. In solch einer Atmosphäre können beide Beziehungspartner Brücken bauen und eine tiefere Verbindung zulassen. Ver-trauen ist das wirksamste Heilmittel gegen angstbedingte Kontrollbedürfnisse. Wenn beide Partner Vertrauen zueinander entwickeln, fühlen sie sich sicher und können die Kontrolle abgeben.

Vertrauen schafft ein Gefühl von Wohlwollen, Sicherheit und emotionaler Verbun-denheit, Liebe. Es ist die Grundlage einer dauerhaften erfüllten Beziehung.

RITUALE

Essenziell für Beziehungen – das habe ich in meinen Coachings oft erlebt – sind Rituale. Mithilfe von Ritualen bekommen Beziehungen einen äußeren Rahmen; sie wirken wie eine Absicherung, ein sicherer Hafen, egal, wie stark der Sturm im Außen tobt. Rituale bieten Stabilität, die dann wiederum zu Vertrauen führen kann. Christopher Maniotes und sein wissenschaftliches Team fanden beispielsweise einige sehr interessante Aspekte zu gemeinsamen Ritualen in Paarbeziehungen heraus: Rituale geben dem Paar Zeit, um ihre Beziehung sozusagen zu »entschleunigen« und einen bewussten und reflektierten Blick auf die Beziehung zu entwickeln. Das bringt wiederum besseres Konfliktmanagement, Verständnis und insgesamt einen klareren Blick auf die Zusammenhänge bestimmter Verhaltensweisen, die der Partner zeigt, mit sich (vgl. Maniotes et al., 2020).

Mögliche Rituale können gemeinsame Feiern sein, wie etwa Kennenlerntage oder Hochzeitstage. Es können auch bestimmte Ausflüge oder Aktivitäten sein, die man regelmäßig gemeinsam unternimmt. Es kann so einfach sein, wie sonntags gemeinsam Brötchen zu holen und gemütlich in den Tag hinein zu starten. Es kann aber auch ein regelmäßiger Termin sein, zu dem beide Partner ihre Handys ausschalten und eine Stunde gemeinsam, ohne jede Ablenkung, verbringen. Es sind genau diese einfachen Dinge, die einer Partnerschaft ein sicheres, verlässliches und beruhigendes Fundament geben können.

Das gilt übrigens auch für Freundschaften: Mit meinem Freundeskreis aus Teenagerzeiten gehe ich viermal im Jahr Steak essen. Dieses Ritual hilft uns, Nähe, Kommunikation und unsere Vision, als Freundeskreis auch in Zukunft verbunden zu bleiben, ins Gleichgewicht zu bringen.

> *In meiner Familie pflegen wir das Ritual, einmal im Jahr einen kleinen Fischerort in Dänemark zu besuchen. Auch mit meinen Kindern habe ich das gemacht. Der Ort wurde so etwas wie eine zweite Heimat, und inzwischen setzen meine Kinder dieses Ritual ebenfalls fort.*

Rituale, die regelmäßig wiederholt wurden und sich bewährt haben, bieten eine stabile Basis, um Vertrauen in einer Partnerschaft oder Familie aufzubauen und aufrecht zu erhalten. In einem Familiengefüge gehören natürlich auch gemeinsame Feiern wie Weihnachten oder Geburtstage dazu. Manchmal reichen aber auch individuelle Kleinigkeiten aus – wie das gemeinsame Kochen, regelmäßige Anrufe oder monatliche Kinobesuche.

Wie das Ritual auch immer beschaffen sein mag: Wichtig ist, es konsequent über Jahre beizubehalten. Das gibt der Beziehung eine Struktur und Beständigkeit, sodass das Vertrauen erhalten und ausgebaut werden kann.

VERÄNDERUNGEN UND UMGANG MIT SCHEITERN, FEHLERKULTUR

»Leben ist das, was passiert, während du andere Pläne machst«: Das ist ein alter Spruch, dessen Bedeutung sich innerhalb einer Beziehung schnell erschließt. Wenn zwei Menschen miteinander leben, dann bedeutet das für beide Partner, permanente Veränderungen zu akzeptieren: Seien es umwälzende Veränderungen wie die Geburt der gemeinsamen Kinder, die Jobsuche, ein Umzug oder scheinbare Kleinigkeiten, wie der Wunsch eines Partners, ein neues Hobby aufzunehmen oder ein Musikinstrument zu erlernen. Immer wieder wird die Beziehung mit der Herausforderung der Veränderung konfrontiert. Besonders herausfordernd ist dabei, die Veränderung in einem anderen Menschen nicht nur zu akzeptieren, sondern sie darüber hinaus auch zu unterstützen. Denn: Die Zufriedenheit in einer Partnerschaft sinkt, wenn die Rückendeckung für neue Hobbys oder Persönlichkeitsveränderungen fehlt. Dazu ermittelten Forscher mithilfe einer breit angelegten Studie, dass die Wahrscheinlichkeit, dass wir unseren Partner bei seiner Entwicklung unterstützen, umso kleiner ist, je unklarer das Konzept ist, das wir von uns selbst haben (vgl. Emery et al., 2018). Woran liegt das? Weil wir fürchten, uns selbst ebenfalls verändern zu müssen, wenn unser Partner es tut. Die Entwicklung unseres Partners aus Angst zu boykottieren – das kann nicht gut gehen. Auch beim Umgang mit Veränderungen in der Partnerschaft kommen wir also nicht um eine ehrliche Auseinandersetzung mit uns selbst herum. Darüber hinaus sind wir aufgerufen, die auftretenden Veränderungen (bei unserem Partner, in unserer Beziehung) zunächst ruhig und angstfrei anzunehmen und möglichst entspannt damit umzugehen. In Kapitel »2.2.5 Einstellung zur Veränderung« habe ich bereits beschrieben, wie wichtig der gemeinsame, mutige Umgang mit Veränderungen ist. Das gilt natürlich auch für Partnerschaften.

Darüber hinaus gilt es, auch auf ein eventuelles Scheitern des Partners, beispielsweise bei einem Jobverlust, angemessen zu reagieren. Vergleichen wir das einmal mit der im Kapitel »2.2.5 Fehlerkultur« beschriebenen Fehlerkultur im Unternehmen: Was den Mut und das Vertrauen zwischen zwei Menschen stärkt, ist auch und gerade der gemeinsame Umgang mit dem Scheitern. Wenn ein Partner scheitert, wenn er mit Hürden und Herausforderungen konfrontiert ist, vielleicht schwer krank wird, dann zeigt sich, wie das Paar zusammenhält. Es tut sich auch die Chance auf, sich gegenseitig ganz neu zu stützen, sich gegenseitig positiv zu verstärken und an der Herausforderung zu wachsen. Das Paar kann erkennen, wie echt und tief sein Vertrauen wirklich ist und wie es sich weiterentwickeln wird.

Wir sehen das auch in Freundschaften: Durchlebe ich ein Scheitern, kann ich sofort erkennen, wer weiterhin zu mir hält, wer mich stärkt und stützt – wer also wirklich mein Freund ist. Eine meiner Bekannten war kürzlich mit einem schweren gesundheitlichen Problem konfrontiert und berichtete mir: »Da habe ich erst gelernt, wer wirklich meine Freunde sind.«

Meine Aufforderung lautet daher: mit Fingerspitzengefühl auf ein Scheitern des Partners zu reagieren. Mit sehr viel innerer Ruhe zu agieren, wenn sich Dinge verändern. Achtsam und präsent zu sein, wenn neue Wünsche aufkommen, die vielleicht sogar das bisherige Konzept infrage stellen. Den Mut zu haben, dabei auch den eigenen Ängsten ehrlich ins Auge zu blicken und über sie zu reflektieren und sprechen. Denn in diesen Momenten entscheidet sich, ob die Beziehung auf Vertrauen fußt und wächst oder an Misstrauen scheitern wird.

DEMUT

Manches braucht einfach seine Zeit – dann gibt es keine Abkürzungen, keinen Knopf zum Vorspulen, keine Steigerung der Effizienz. Dann kann man nur einen Schritt nach dem anderen gehen und die Zeit derweil ihre Arbeit tun lassen. Aus meiner Sicht gilt das auch für den Aufbau von Vertrauen. Es bedeutet, Geduld zu haben. Wenn ein Mensch tief misstraut und ich ihn mit der Einladung konfrontiere: »Hey, vertrau mir wieder«, so wird das nicht mit dieser kurzen Ansage gelingen. Vertrauensaufbau bedeutet vielmehr, von vornherein den Faktor Zeit zu berücksichtigen. Entwicklungen dürfen sich entfalten, Erlebtes neuen Raum bekommen und Vergangenheit wie Gegenwart neu betrachtet werden.

Was heißt das konkret? Nun, wenn ich mit meinen Worten und Taten die Einladung zum Vertrauen ausspreche, dann darf mein Gegenüber sich und mich austesten. Er darf mal einen Schritt zurückgehen und dann wieder einen Schritt nach vorne; dann zwei Schritte zurück, um dann wieder zwei Schritte nach vorne zu gehen. So lange, wie er braucht. Wenn ich Vertrauen aufbauen und stärken will, muss ich bereit sein, meinem Gegenüber diese Zeit und diesen Raum zu geben.

Entscheidend ist jedoch, dass wir selbst die Verantwortung über unsere Haltung in der Hand behalten. Wir haben es in den vorigen Kapiteln bereits betrachtet: Permanent mit dem Finger auf den anderen zu zeigen, hilft niemandem langfristig weiter. Wenn wir wirkliche Veränderung erreichen möchten, müssen wir selbst damit beginnen. Wenn wir einen neuen Weg gehen wollen, sind wir aufgerufen, selbst damit zu beginnen. Wir dürfen uns bewusst machen, dass wir tatsächlich die Macht und die Kraft haben, etwas zu verändern. Es erfordert Mut, es erfordert Entschlossenheit im Handeln und es erfordert eine große Portion Demut.

Dieser vielleicht etwas altmodische Begriff der Demut ist mir an dieser Stelle sehr wichtig. Demut bedeutet, anerkennen zu können, dass ich im Unrecht sein könnte. Es bedeutet, anerkennen zu können, dass ich auf vielen Ebenen meiner selbst oft geirrt habe. Diese besondere Idee der Toleranz öffnet Türen für neues Vertrauen. Warum?

Es gibt meinem Gegenüber den nötigen Raum, in sich selbst hineinzuhorchen, für sich einzustehen, seine Gedanken zu äußern und selbst den Mut zu fassen, Veränderungen anzustoßen. Wenn ich jedoch mit der Haltung auftrete: »Ich habe recht und ich sage dir jetzt, wie es richtig geht!«, dann ist mein Gegenüber vielmehr aufgerufen, sich zu unterwerfen und seine eigenen Ansichten, Zweifel, Ängste und Bedürfnisse zurückzustellen. So entsteht kein echter Austausch, keine Nähe, sondern eine bestimmte Form von Herrschaft bzw. Unterwerfung. Die Vertrauensrevolution bedeutet deswegen auch immer, Demut in sich zu tragen und davon auszugehen, dass man selbst unrecht haben könnte. Nur so erlangt auch die Stimme meines Gegenübers ihren Platz und ihr Gehör, nur so kann mein Gegenüber sich geschätzt fühlen. Und nur so kann mein Gegenüber mit der Zeit wieder Vertrauen fassen.

2.4 DER PERSÖNLICHE WEG

Schauen wir uns die Bevölkerung der westlichen Welt aus einer Vogelperspektive an, so sehen wir sicherlich sehr viele unterschiedliche Tendenzen und Strömungen, individuelle Krisen und Lösungen; aber einiges zieht sich auch wie ein roter Faden durch die aktuelle Lebensrealität vieler Menschen. Wir beobachten vielerorts eine tiefe Verunsicherung; aus dieser Verunsicherung wiederum entspringen sehr unterschiedliche Wege des Denkens, Handelns und Seins. Während sich einige Menschen mit all ihrem Mut auf neue Wege begeben, spüren andere eine Ausweglosigkeit und Orientierungslosigkeit und wissen nicht, wo eigentlich ihr Platz in der Gesellschaft oder in ihrem Leben sein soll. Sie finden kein Vertrauen in sich selbst und sind verunsichert, wenn sie in die eigene ebenso wie in die allgemeine Zukunft schauen.

Zwischen 2019 und 2022 erlebten wir eine deutliche Zunahme von Angststörungen, Depressionen und subjektiv eingeschätzter schlechter psychischer Gesundheit (vgl. Walther et al., 2023; DGPPN, 2023). Die WHO attestiert sogar einen weltweit messbaren Anstieg von Gesundheitsproblemen psychischer Natur im ersten Jahr nach der Pandemie – und das in der Allgemeinbevölkerung (vgl. DGPPN, 2023). Die Global Burden of Disease Studie spricht in diesem Zusammenhang von einem Anstieg von 28 Prozent vom Jahr 2019 auf 2020 (vgl. IHME, o. D.). Auf Deutschland bezogen, lohnt sich ein Blick in die Statistiken der Krankenkassen, beziehungsweise deren Kassenabrechnungen. So veröffentlichte die DAK 2023 Zahlen, die aufzeigen, dass es 2022 48 Prozent mehr Fehltage aufgrund psychischer Erkrankungen gab als noch 2012 (DAK, 2023a). Der Hauptgrund: Depressionen, gefolgt von Belastungs- und Anpassungsstörungen. Insgesamt ist die Zunahme der Fehltage bei jungen Frauen und Männern am größten (DAK, 2023a). Es scheint fast so, als ob sie bald schon die Rückenschmerzen als häufigste Ursache für Krankschreibungen ablösen … Ist es nicht denkbar, dass ein Vertrauensverlust die größte Wurzel allen Übels bei dieser Entwicklung ist? Wir finden einen Vertrauensverlust in uns selbst, in unsere Fähigkeiten, unsere eigene Stimme, unsere Gefühle und Ansichten. Wir fühlen uns ausgeliefert, wir fühlen uns machtlos.

Auch aus diesem Gefühl der Orientierungslosigkeit und Ohnmacht entspringen wiederum mehrere Wege: Einige Menschen flüchten sich in absurde Theorien, um sich selbst und anderen die komplexen Zusammenhänge der Welt erklärbar zu machen;

andere versuchen, bewusst neue Wege zu finden. Wieder andere sehen das Chaos der Gegenwart als Chance für den Aufbruch. Doch sehr, sehr viele Menschen versinken in einer Art Hoffnungslosigkeit. Sie haben das Gefühl, ohnehin nichts ausrichten zu können. »Was kann ich als Einzelner schon machen? Ich weiß überhaupt keinen Rat mehr für mich und mein Leben.« Gedanken wie diese prägen das Denken vieler Menschen. Ich glaube, dass diese Gemengelage, die sich durch die zahlreichen Folgen der Pandemie noch verschärft hat, für unsere Gesellschaft sehr gefährlich sein kann.

Die Sache ist ja die: Nicht nur innerhalb der Gesellschaft und zwischen einzelnen Menschen zeigen sich unterschiedliche Strömungen, sondern auch innerhalb einer Person. Wenn ich rückblickend auf mein Selbst während der Pandemie schaue, kann ich sehr unterschiedliche Tendenzen in mir erkennen. Im März 2020 begann ich, stark an mir selbst und meinem Leben zu zweifeln. Ich saß allein auf dem Sofa und blickte auf meinen Kalender des Monats: Was zuvor vollgepackt mit Terminen gewesen war, gähnte mir nun leer entgegen. Alles war innerhalb von 14 Tagen gestrichen worden. Das hat viel in mir ausgelöst und mich tief verunsichert. Gleichzeitig fühlte ich mich den äußeren Umständen ausgeliefert und spürte ein Gefühl von Machtlosigkeit in mir, ebenso wie eine gewisse Resignation: »Egal, was ich auch tue, es ist das Falsche.« Sowohl für meine Tätigkeit als Geschäftsführer als auch für mein Privatleben war das eine außerordentliche Belastung. Die Herausforderungen dieser Zeit haben tiefe Risse in mir hinterlassen, die mich noch sehr lange beschäftigt haben. Rückblickend schaue ich auf Erfahrungen zurück, die mich staunen lassen. Zuvor hätte ich nie erwartet, in solche inneren Konflikte zu geraten und solche inneren Dialoge führen zu müssen.

Während der Pandemie sind wir auf uns selbst zurückgeworfen worden. Es gab keine Möglichkeit mehr, sich von sich selbst abzulenken. Wir konnten nicht vor uns selbst fliehen, indem wir Partys und Veranstaltungen besuchten oder auf Reisen gingen. Wir konnten nicht weglaufen. Plötzlich waren wir mit uns selbst allein. Das hat bei vielen Menschen zu schweren Konflikten geführt – nicht nur mit sich selbst, sondern auch mit Familienmitgliedern und Partnern, mit denen nun monatelang ein gemeinsamer Wohnraum geteilt wurde.

Dieser Mangel an Ablenkung hat vielen Menschen deutlich vor Augen geführt, wo sie sich selbst verloren haben. Denn: Solange wir nur für genug Ablenkung sorgen, spüren wir vielleicht gar nicht so deutlich, wenn wir unser eigenes inneres Gleichgewicht verlassen, vom eigenen Weg abkommen und vom Strom des Lebens an Orte getragen werden, die uns nicht guttun. Können wir plötzlich keine Zerstreuung im Außen mehr finden, erkennen wir, wo wir nicht mehr wir selbst sind. Dieser Zustand des Erkennens beginnt meist mit einer Unruhe, einem starken Unbehagen, das einem inneren Schockzustand ähnelt und aus dem plötzlichen Wegfall all unserer Kompensationsmechanismen rührt. Vielleicht ist dieser Zustand mit einem seelischen Entzug vergleichbar. Sind wir in der ablenkungsfreien Stille mit uns konfrontiert, erkennen wir unsere verdrängten inneren Baustellen, unsere Probleme und unsere ungehörten Bedürfnisse so klar wie selten zuvor. Diese Erfahrung hatte ich bereits Jahre zuvor im Zuge eines Schweigeseminars gemacht; nun konnte ich sie bei vielen Menschen um mich herum beobachten.

Wenn ich heute auf diese Welt schaue – eine Welt voller Kriege, mit denen wir nie gerechnet haben, voller Unruhen und Umstürze – dann sitze ich auf meinem Sofa und frage mich, was ich in dieser Welt überhaupt noch ausrichten kann. »Soll ich morgen überhaupt noch in diese Welt starten, in mein Büro fahren und weiterarbeiten? Was kann ich schon ausrichten gegenüber dieser Übermacht von Unordnung, Verwirrungen und Krieg? Kann ich noch etwas tun? Oder ist nicht alles, was ich tue, ohnehin schon falsch?«

In mir drin gibt es einen Teil, der mir immer wieder sagt: »Vielleicht sollte ich mich ein paar Jahre lang in eine Hütte im Wald setzen und abwarten, bis die Welt sich wieder normalisiert. So geht es nicht weiter.« Sie macht einen verrückt, oder? Auch von meinen Bekannten, Freunden, Mitarbeitern und von vielen anderen Menschen höre ich solche Sätze. Was an wilden Wellen durch unser Leben wabert, sei es in den sozialen Medien, in den Nachrichten oder in den Zeitungen und Zeitschriften, können viele Menschen kaum noch aushalten. Und wenn wir ehrlich in uns hineinfühlen, können wir erkennen, dass wohl jeder sich schon einmal oder mehrfach so gefühlt hat. So resigniert – und so unwillig, das noch weiter auszuhalten.

2.4.1 WIE BIN ICH HIERHERGEKOMMEN?

Viele Menschen sind also in diesem unglücklichen Zustand, in dem sie sich all die existenziellen Fragen stellen:

- *Wo ist eigentlich mein Platz?*
- *Was kann ich überhaupt noch bewirken?*
- *Wie kann ich selbstbewusst und zuversichtlich sein?*
- *Kann ich mir selbst noch vertrauen – oder habe ich mich verirrt?*
- *Traue ich mir zu, in diesem verrückten Leben überhaupt noch zu überleben?*

Um herauszufinden, wie wir an diesen Punkt gekommen sind, betrachten wir erneut die drei Ebenen Nähe, Kommunikation und Vision.

MANGEL AN NÄHE

Ich glaube, dass wir uns in puncto Nähe teilweise verloren haben. Ich selbst habe phasenweise das Gefühl, nicht mehr in meiner Mitte zu sein. Auch von anderen Menschen höre ich oft, dass sie das Gefühl hätten, sich selbst verloren zu haben.

Das Gefühl, sich selbst fremd geworden zu sein: Das führt auch zu einer Verunsicherung dahingehend, welche Ängste in uns real und berechtigt sind und wo wir uns in eine Angst versteigen, die nichts mehr mit uns selbst zu tun hat. Noch viel mehr: Diese Verunsicherung lässt uns im Unklaren darüber, wo überhaupt noch unser eigenes Inneres ist, was sich dort abspielt, wie wir für uns selbst sorgen können und wo unser Platz ist.

Wie bereits gezeigt, können wir rund um den Globus eine deutliche Zunahme an depressiven Erkrankungen und Burn-outs erkennen. Und damit sind wir schon im Kern der Sache: Denn wenn ich mich von einem Burn-out erholen möchte, muss ich wieder mit mir selbst in Kontakt kommen, ich muss wieder spüren, wie es mir wirklich geht. Wenn ich ein Burn-out erleide, dann bin ich vermutlich viel zu lange einen Weg gegangen, der meinen eigenen Bedürfnissen nicht gerecht wurde. Meine inneren Kontrollmechanismen haben versagt oder sie schlugen zwar an, wurden aber über einen langen Zeitraum von mir weggedrückt wie die Schlummerfunktion eines Weckers. Im schlimmsten Fall ging mein Kontakt zu mir selbst so weit verloren, dass ich das Fehlen von Ruhezeiten gar nicht mehr bewusst mitbekam.

Auf diese Weise erzählt uns ein Burn-out sehr viel über die Wichtigkeit der Nähe, die wir zu uns selbst spüren. Denn wenn wir uns tatsächlich wahrnehmen, unsere Bedürfnisse spüren und uns selbst in gesundem Maße wichtig nehmen, dann können wir für uns selbst sorgen.

Sind wir zu einer Gesellschaft von Menschen geworden, die sich selbst verlieren? Nicht nur innerhalb der gesellschaftlichen Anforderungen – verlieren wir uns nicht auch in den zahlreichen Möglichkeiten der Zerstreuung und Unterhaltung, in den Sozialen Medien, in den Vergleichen mit anderen, in den Streamingdiensten? Verlieren wir kollektiv das Gespür dafür, wer wir sind, wo wir sind, warum wir sind? Ich habe das Gefühl, dass wir all diese essenziellen Fragen immer weniger zufriedenstellend beantworten können. Diese Distanz zu unserem Kern bietet den besten Nährboden für ein wachsendes Misstrauen uns selbst gegenüber. Denn wie soll ich mir selbst, meinen Wünschen und Bedürfnissen vertrauen, wenn ich mich selbst gar nicht mehr verorten kann?

MANGEL AN KOMMUNIKATION

Führen wir die Frage doch gleich einmal weiter: Wenn ich also nicht mehr weiß, wo meine Mitte ist – wie soll ich dann mit mir selbst angemessen sprechen? Schließlich gilt immer noch der alte Satz: »Nichts ist so machtvoll wie die Sätze, die ich mir selbst sage.«

Aus diesem Grund möchte ich jeden dazu einladen, sich selbst beim Denken und Reden wach zu beobachten. Ich kenne diese selbstzweifelnden Gedanken: Wir fragen uns, ob wir gut genug sind, ob wir zu alt oder zu jung sind, ob wir gut genug aussehen, ob unser Auto repräsentativ und unser Konto voll genug ist ... In der Psychologie nennt man dieses Phänomen »Imposter-Syndrom« (also: Hochstapler-Syndrom). In einer groß angelegten Metastudie wurden dazu 2020 zahlreiche Studien (d.h. 62) zur Thematik nach Gemeinsamkeiten und Unterschieden untersucht (vgl. Bratava et al., 2020). Wer am Hochstapler-Syndrom leidet, der zweifelt an seinen eigenen Leistungen und an seinem Selbstwert, hält sich irrtümlich selbst für einen Hochstapler, der keine Anerkennung verdient. Sie reden mit sich selbst in Sätzen, die sie nicht wagen würden, an andere Menschen zu richten. Und wenn wir unablässig unseren eigenen erniedrigenden Reden zuhören, hat das ein einziges Ergebnis: Unser Selbstvertrauen sinkt immer weiter. Wir kritisieren uns nicht nur für unser Aussehen, sondern für unser ganzes Sein und Wirken. Und so stehen wir mit einem vollkommen zerbröselten Selbstbewusstsein da.

MANGEL AN VISION

Die Pandemie hat uns gezeigt, wie limitiert unser Morgen sein kann. Ich persönlich wusste während dieser Zeit phasenweise nicht mehr, wo ich in einer Woche, in zwei Wochen oder in drei Wochen stehen würde – weil ich überhaupt nicht mehr abschätzen konnte, wie sich die Weltlage entwickeln würde.

Aktuell befinden wir uns inmitten einer hektischen Melange von einer Inflation und Konflikten innerhalb und außerhalb von Staaten und das führt zu einer enormen Verunsicherung des Einzelnen, wohin der individuelle Weg eigentlich noch gehen soll. Doch aus meiner Sicht ist es essenziell, eine genaue Vorstellung des eigenen, individuellen Lebenswegs zu haben. Denn nur, wenn ich meine Träume klar vor Augen habe, wenn ich weiß, wohin ich will und wo ich in einem Jahr sein möchte, kann ich auch schwierige Zeiten überwinden.

Zurzeit erleben wir jedoch eine Art Perspektivlosigkeit. Viele Menschen ziehen sich zurück und sind froh, wenn sie den morgigen Tag halbwegs überstehen: Krisen schreien uns jeden Tag aus den Nachrichten an, wir machen uns Sorgen um das Wohlergehen unserer Kinder, die wir nur noch mit dem Handy in der Hand sehen, und auch die Nachrichten im Kontext der Folgen des Klimawandels überschlagen sich. So kann keine Vision für das eigene Leben entstehen, die das Vertrauen in uns selbst stark und resilient machen könnte. Stattdessen verlieren wir uns in Alltäglichkeiten, in Ablenkungen, in Sorgen und Ängsten – und werden immer unsicherer.

2.4.2 WO WILL ICH HIN?

Im Grunde wünschen wir uns sicherlich alle, fest in unserer eigenen Mitte verankert zu sein und voller Zuversicht in eine erfüllende Zukunft schauen zu können. Wir wünschen uns, beständig einen Schritt nach dem anderen zu nehmen, vollkommen im Einklang mit unserer Lebensvision. Wir sehnen uns danach, unerschütterlich an uns selbst zu glauben und hoffnungsvoll auf die Entwicklung unserer Gesellschaft zu schauen. So könnten wir jede Form der Schwierigkeiten überwinden. Wenn wir diesen Zustand tatsächlich zu unserer Lebenswirklichkeit machen wollen, brauchen wir auf den drei Ebenen Nähe, Kommunikation und Vision ganz neue Ansätze.

In puncto Nähe geht es vor allem um eines: in die eigene Mitte zu kommen. »In der eigenen Mitte zu sein« ist jedoch kein Zustand, den man einmal für alle Zeit erreicht. In die eigene Mitte zu kommen, das ist eine kontinuierliche Aufgabe, ein Prozess, der ein Leben lang aktuell bleibt und der uns immer wieder neu fordert. Doch je mehr Übung wir darin haben, zu uns zu finden und bei uns zu bleiben, desto leichter und selbstverständlicher gelingt es uns. Wir erkennen, welche äußeren und inneren Zustände uns wanken und vom Kurs abkommen lassen – und wir bemerken es, sobald wir nicht mehr im Gleichgewicht sind. Wenn wir also kontinuierlich üben, immer wieder in unsere Mitte zu kommen, und uns von gelegentlichen Schlenkern nicht entmutigen lassen, dann können wir schnell und zielgerichtet gegensteuern, sobald wir straucheln.

Ganz praktisch bedeutet das: Wir müssen uns selbst Zeiten der Ruhe zu gönnen, in denen wir zu uns kommen und wach in uns hineinspüren können. Dazu kann es sich lohnen, sich mit dem Thema Meditation auseinanderzusetzen; auch wenn das auf sich selbst zurückgeworfene, stille Sitzen zu Beginn herausfordernd sein kann. Es gibt zahlreiche Apps mit geführten Meditationen, gute Hintergrundliteratur und Meditationskurse, die den Einstieg leicht machen. Es lohnt sich, denn die Vorteile einer regelmäßigen Meditationspraxis sind zahlreich: ein reduziertes Stresslevel, weniger Angst, gesteigerte Achtsamkeit, längere Konzentrationsspannen, besserer Schlaf und niedrigerer Blutdruck gehören dazu. Das sind nur einige von zahlreichen Beispielen, die wissenschaftlich evident sind (vgl. White et al., 2023). Auch ein sogenanntes Naikan-Tagebuch kann ein wertvolles Werkzeug für den inneren Fokus, für Klarheit in der Wahrnehmung und eine positive Ausrichtung sein. Vereinfacht gesprochen, notiert man in einem Naikan-Tagebuch im Anschluss an die Meditationspraxis die Antworten zu drei so oder ähnlich formulierten Fragen:

- *Welches Positive ist mir heute (durch Person XY) widerfahren?*
- *Welches Positive habe ich heute (für Person XY) bewirkt?*
- *Welche Schwierigkeiten habe ich heute (für Person XY) verursacht?*

Die ersten beiden Fragen bewirken eine positive Verstärkung des Erlebten und eine tiefe Schulung der Dankbarkeit. Die dritte Frage kann, wenn sie ehrlich beantwortet wird, Hinweise geben, wie das eigene Verhalten noch weiter verbessert werden kann. Die naheliegende vierte Frage »Welche Schwierigkeiten sind mir heute widerfahren?« wird bewusst nicht gestellt, denn die Antwort würde zu einem erneuten Herumkauen auf negativen Erlebnissen führen, die ohnehin nicht mehr verändert werden können. Im Naikan-Tagebuch wird also ganz bewusst nicht mit dem Finger auf andere gezeigt, sondern klar herausgearbeitet: Was ist mein eigener Anteil? Wie kann ich diesen noch weiter verbessern? (vgl. Schuh, 2021)

Doch egal, ob man sich für die Meditation, das Tagebuch oder eine andere Achtsamkeitspraxis entscheidet: Es geht im Grunde immer darum, sich selbst ehrlich zu fragen: »Wo bin ich eigentlich? Wo stehe ich? Wie fühle ich mich gerade? Wie geht es mir gerade wirklich?« Im Prinzip ist jede der zahlreichen Achtsamkeits- und Meditationspraxen dazu geeignet, ehrliche Antworten auf diese Fragen zu finden. Und dann geht es darum, die Antworten anzunehmen, so unangenehm sie vielleicht auch sein mögen.

In puncto Kommunikation geht es darum, achtsam mit den eigenen Worten umzugehen und bewusst wahrzunehmen, wie ich mit mir selbst rede. Wenn ich eine
Vision für mein Leben in mir trage und sie verwirklichen möchte, dann darf ich jetzt
bereits damit beginnen, voller Selbstbewusstsein und Stolz zu mir selbst zu sprechen – so, als hätte ich das alles bereits erreicht. Ich darf mich selbst ermuntern,
bestärken und ermutigen und damit aufhören, mich selbst zu erniedrigen.

Ich darf also vor allem an meinem inneren Monolog arbeiten. Unsere Köpfe sind
beständig voll mit Gedanken, die meisten davon richten wir an uns selbst. Wir
schimpfen und tadeln uns, wir kritisieren uns und zweifeln. Oft haben wir in unserer Kindheit unbewusst Glaubenssätze übernommen, die wir oft gehört haben –
sei es von Eltern, Lehrern oder Geschwistern. Die stimmen nicht immer mit der
Wirklichkeit überein, prägen uns aber meist dennoch fürs ganze Leben. Affirmationen können in gewissem Rahmen dazu beitragen, veraltete Glaubenssätze und
innere Blockaden aufzulösen; eine Affirmation ist eine positive Aussage über die
eigene Person, mit deren Hilfe die Selbstermutigung begleitet und unterstützt
werden kann. Das hat natürlich seine Grenzen; wirklich transformierend wirken
selbstermächtigende Erfahrungen in der realen Welt, mit denen wir uns selbst beweisen: »Hey, ich kann das, wenn ich es will« – und somit nachhaltig unsere inneren
Monologe verändern. Mit jeder Erfahrung, die außerhalb der eigenen Komfortzone gemeistert wird, mit jeder Erfahrung, die den alten inneren Mustern widerspricht, verändert sich das eigene Selbstbild, die eigene Identität ein kleines Stück
und man sieht die Dinge mit anderen, mutigeren, zuversichtlicheren Augen (vgl.
DAK, 2023b). Dabei gilt der bekannte Satz: Auch kleine Schritte führen zum Ziel.
Es muss nicht gleich ein Sky-Dive sein, der Dir Deinen Mut und Deine Kraft beweist.

In puncto Vision kann es sinnvoll sein, einen 7-Jahres-Plan für sich selbst zu entwickeln und auf ein Papier zu schreiben. Was ist meine Vision genau? Woraus
besteht sie, was sind wichtige Säulen? Wie sehen meine Träume aus? Alterna-
tiv kann auch eine sogenannte Bucket-Liste hilfreich bei der eigenen Ausrichtung
sein: also eine Sammlung von Allem, was Du in deinem Leben noch erfahren, erleben, erlernen willst. Vielleicht eine Weltreise, eine Pilgerfahrt, ein Meditations-
Retreat, vielleicht auch mal mit einem Fahrrad ans Nordkap – was auch immer es
sein mag. Werden die Ziele und Etappen schriftlich notiert und visualisiert, stärkt
es das eigene Selbstbewusstsein und macht resilient gegenüber Schwierigkeiten

TRUST ____ Die Vertrauensrevolution

auf dem Weg. Auch ein »Wheel of Life« kann eine hilfreiche Technik sein – stell Dir dazu ein Rad vor, dessen Speichen für unterschiedliche Prioritäten in Deinem Leben stehen. Diese Speichen können beispielsweise sein:

- *Liebe/Beziehung*
- *Familie/Freunde*
- *Fitness/Gesundheit*
- *persönliches Wachstum*
- *Business*
- *Finanzen*
- *Lebensumgebung*

Anschließend überlegst Du Dir, wie der optimale Zustand für jeden der Bereiche aus Deiner ganz persönlichen Sicht aussehen würde. Wo stehst Du jetzt – und wie sollen die nächsten Schritte aussehen, um dem optimalen Zustand näherzukommen? Von nun an definierst Du regelmäßig konkrete Nahziele und behältst auch die langfristige Vision dabei im Blick.

Was mir persönlich hilft und übrigens auch vielen Freunden und Bekannten: Mindestens einmal die Woche ziehe ich mich für ein oder zwei Stunden zurück und halte einen sogenannten Wochenrückblick:

- *Wie war die letzte Woche?*
- *Was ist gut gelaufen, was könnte besser laufen?*
- *Was ist in der nächsten Woche los?*
- *Was muss ich noch bedenken?*
- *Was muss ich noch tun, wofür muss ich mir wirklich Zeit nehmen?*
- *Was möchte ich neu angehen?*

Mir hilft diese persönliche Inventur dabei, in meine Mitte zurückzukehren und mit neuer Kraft durchzustarten.

IMPULS VON
KERSTIN SCHERER

Unternehmerin,
spirituelle Lehrerin, Autorin

Eine Klientin erzählte mir neulich, sie überweise ihre Rechnungen immer erst nach der dritten Mahnung – früher schaffe sie es einfach nicht. Ein anderer Klient machte die verstörende Erfahrung, dass er angesichts eines vorlauten Vorstandskollegen bei deren gemeinsamen Sitzungen völlig neben sich stand und nicht mehr das zum Ausdruck bringen konnte, was er wirklich sagen wollte. Solche kognitiven Dissonanzen erleben Menschen, wenn ihnen etwas komplett »gegen den Strich geht«, es also ihrer gewohnten Art zu denken stark widerspricht. Doch warum können sie nicht einfach erkennen, dass ihr Gehirn ihnen einen Streich zu spielen versucht, und anschließend diese vermeintlich leichten Aufgaben trotzdem zu einem guten Ende bringen? Nun, hinter beiden Beispielen verbirgt sich eine tiefe Angst. Und Angst kann nur entstehen, wenn wir irgendwann in unserem Leben die verstörende Erfahrung des Getrenntseins gemacht haben.

Immer, wenn wir mit Gefühlen der Trennung konfrontiert sind, geht in uns ein Traum verloren: der Traum einer verlässlichen, niemals endenden Verbindung mit einem anderen Menschen. Bis dahin leben wir mit wortwörtlich traumhaften Vorstellungen, wie unser Leben sein könnte. Beispielsweise wünschen wir uns von unseren Partnern ewige Liebe und ständige Harmonie. Ich selbst trug z. B. lange die Vorstellung in mir, das Kind meiner Eltern zu sein. Entsprechend ging ich ganz selbstverständlich davon aus, dass unsere Gesellschaft durch ältere Menschen gelenkt wird, und entwickelte ein vergleichsweise geringes Verantwortungsbewusstsein. Immer waren die anderen – die Älteren – schuld. Und das, obwohl ich *längst selbst eine erwachsene Frau war! Auch meine beruflichen Erfolge errang ich damals als »Kind« meiner – stolzen, wie ich hoffte – Eltern. Ohne diese innere Vorstellung meiner Eltern wäre ich mir vorgekommen wie eine Waise, die völlig verängstigt durch eine bedrohlich-weite Welt irrt.*

Menschen können z. B. Angst vor Gewalt, vor Krankheit, vor Ablehnung oder vor dem Tod haben. Manchmal wird die Angst so stark, dass wir Angst vor der Angst bekommen – die Folge können Angststörungen sein, die therapeutischer bzw. ärztlicher Unterstützung bedürfen. Doch egal, wie stark die Angst auch sein mag: Wir Menschen haben die wertvolle Gabe, unsere eigene Wahrnehmung verändern zu können! Denn letztlich legen wir unseren ganz eigenen Bilderrahmen um unser Leben und unsere Gefühle herum. Stelle Dir dafür bitte vor, Du stündest an einem Novembertag auf einer Wiese. Halte Dir nun zuerst einen kleinen DINA6-Rahmen vor die Augen. Aus den Augenwinkeln kannst Du den Rahmen noch deutlich erkennen. Dazwischen siehst Du ein bisschen Himmel. Und was siehst Du dort? Eine dicke Regenwolke, grau in grau. Dann denkst Du vielleicht betrübt: »Wie traurig das Wetter im November immer ist!«

Okay, und jetzt halte Dir bitte einen großen A3-Rahmen vor die Augen und blicke auf die gleiche Weise gen Himmel. Vermutlich siehst Du immer noch die eine oder andere graue Wolke, aber jetzt scheint auch überall der blaue Himmel hindurch! Und Du denkst vielleicht: »Schau an, da ist eine graue Wolke am hellen Himmel.« Es ist nur eine Frage Deiner eigenen Perspektive!

Mit der Angst verhält es sich ganz ähnlich. Denn Du kannst der Angst viel von ihrer Bedrohlichkeit nehmen, indem Du sie aus einer erweiterten Perspektive heraus wahrnimmst. Vielleicht gelingt es Dir dann, zu sagen: »Ja, es ist Angst, aber es ist nicht das Ende der Welt.« Dadurch stärkst Du Dein inneres Vertrauen und das Gefühl des Getrenntseins tritt in den Hintergrund.

Bei kleinen Kindern, die erst ein paar Monate auf dieser Welt sind, lässt sich dieses vollständige Eingebundensein in die Umwelt wunderbar beobachten. Voller Freude lachen und spielen sie, völlig frei und fernab jeglicher Angst. Wünschen wir uns nicht alle diese innere Freiheit zurück? Ein Zustand, in dem wir nur Angst empfin-

den, wenn wirklich Vorsicht geboten ist? Solch ein Grundvertrauen in sich selbst, in die Welt und eventuell auch in Gott nennen wir gemeinhin inneren Frieden.

Das sogenannte Bauchhirn bringt solch eine Vertrauenskultur schön zum Ausdruck. Dieses Organ, das tief in unseren Gedärmen angelegt ist, wurde in den letzten Jahren intensiv von der Wissenschaft erforscht. Zahlreiche Studien zeigen, dass Unternehmer, die ihr Team »mit Kopf und Bauch« führen, deutlich erfolgreicher sind und dass Mitarbeiter ihnen häufiger vertrauen als einem rein kognitiv geprägten Kollegen. Zudem lassen sich Bauchentscheidungen viel schneller treffen als kognitive Entscheidungen mit all ihrem Abwägen und Durchdenken. Dennoch fällt es gerade Unternehmern sehr schwer, bei wichtigen Entscheidungen auf ihr Bauchgefühl zu vertrauen.

Ich selbst habe immer wieder die Erfahrung gemacht, dass Entscheidungen richtig sein können, auch wenn mein Kopf sie für grundverkehrt hält. Mir fällt in diesem Kontext eine bekannte Modemarke ein, die bislang nur im Niedrigpreissegment tätig war. Nun schwenkt die Marke mit sofortiger Wirkung auf den Hochpreissektor um. Es wird berichtet, dass der US-Vorstand diese wegweisende Bauchentscheidung binnen weniger Minuten traf. Für meinen Kopf wirkt sie wie blanker Unsinn: Wer kauft sich bitte ein teures Kleidungsstück von einer Marke, die bislang als äußerst günstig verrufen ist? Doch ich vertraue dennoch darauf, dass sich diese Entscheidung des Vorstands auf lange Zeit als richtig erweisen wird.

Es ist ein zutiefst menschliches Bedürfnis, sich selbst zu vertrauen. Ich glaube, dass wir in diesen aufregenden Zeiten genau dieses Bedürfnis stärken sollten. Dass wir also versuchen sollten, in uns selbst und in diese Welt zu vertrauen, statt immer wieder vergeblich gegen sie anzukämpfen.

2.4.3 WIE FINDE ICH EINE EBENE DES VERTRAUENS IN MIR?

Vertrauen auf der persönlichen Ebene: Das bezeichnen wir als Selbstvertrauen. Wir meinen damit die Kraft und die Sicherheit, die wir in uns selbst spüren. Je mehr Selbstvertrauen in uns wohnt, desto besser und schneller können wir anderen Menschen vertrauen. Je mehr wir uns selbst vertrauen, desto besser und schneller vertrauen wir außerdem dem Unternehmen, in dem wir arbeiten. Auch der Regierung können wir umso leichter vertrauen, je sicherer wir in uns selbst sind. Damit ist das Selbstvertrauen der Schlüsselfaktor zu allen vier Ebenen.

Die Ausgangslage ist allerdings nicht besonders gut. Viele Menschen sind tief verunsichert. Daran hat natürlich unsere persönliche Erfahrungswelt ihren Anteil, die geprägt ist durch die Glaubenssätze unserer Eltern, durch unsere Erfahrungen im Schulsystem, durch Kränkungen und Verletzungen aus unserer Kindheit. Zusätzlich erleben wir eine Welt im Umbruch. Es scheint nicht mehr klar, wie es mit der Menschheit weitergeht. Schauen wir uns an dieser Stelle noch einmal die Nachkriegszeit bis vielleicht in die 90er-Jahre hinein an: Damals gab es eine zwar nicht ganz so differenzierte und pluralistische, dafür aber sehr klare und zuversichtliche Sicht auf diese Welt. Als die Mauer fiel, gab es eine kurze Zeit der Unruhe, doch auch danach stellte sich wieder ein gesellschaftlicher Optimismus ein: »Jetzt geht es voran, wir werden das alles meistern und alles läuft.«

Jetzt prägen andere Fragen das persönliche Erleben: »Kann ich mit meiner Familie in Zukunft noch sicher und glücklich leben? Werde ich genug Geld verdienen, um meinen Kindern eine gute Ausbildung zu geben?« Diese zweifelnden Gedanken nagen am Selbstvertrauen. Und sie mehren sich, je deutlicher wir spüren, dass sicher geglaubte gesellschaftliche Faktoren nicht mehr da sind. Vieles ist im Wandel: Die bisherige Arbeitsmarktstruktur wird durch die künstliche Intelligenz und damit verbundene Automatisierungsprozesse stark durcheinander gewürfelt. Viele Menschen fürchten, ihre Jobs zu verlieren. Wie werden die Sozialsysteme das auffangen können? Gibt es dann noch eine Rente? Wie fangen wir die Inflation auf? Wie werden sich außerdem die Folgen des Klimawandels ganz konkret auf uns auswirken? Was macht die Menschheit mit diesen Herausforderungen? Viele Menschen sehnen sich angesichts dieses verwirrenden Zustandes nach einfachen und klaren Antworten. Deswegen haben die Populisten fast überall auf der Welt ein immer leichteres Spiel, Ängste und Verzweiflung zu kanalisieren und zu verstärken. Trauen wir uns, aufzustehen und zu sagen: »Mit mir nicht! Es geht doch auch anders! Ich glaube noch an die gute Wende!«? Ja – wenn wir uns selbst, unserer inneren Stimme, unseren Urteilen und Überzeugungen und unserer eigenen Kraft vertrauen.

So ist das eigene, persönliche Vertrauen vermutlich das Schwierigste und Wichtigste in diesem ganzen Buch. Bei uns selbst, bei unserem eigenen Vertrauen in uns selbst, können wir am stärksten ursächlich handeln. Selbstvertrauen bringt uns am meisten nach vorne.

Ich weiß, dass das Vertrauen vieler Menschen stark erschüttert wurde. Vermeintlich hängt es daher immer auch von äußeren Faktoren ab, ob wir wieder neu vertrauen können. Aber erinnern wir uns noch einmal daran: Vertrauen ist immer eine Entscheidung. Auch das Selbstvertrauen ist eine Entscheidung. Es ist die Entscheidung, mir selbst wieder vertrauen zu wollen. Wenn ich diese Entscheidung nicht selbst treffe, kann keine Macht der Erde mich ins Vertrauen zurückführen.

IMPULS VON JANIS MCDAVID

Speaker, Autor,
Lösungsfinder

Wenn ich mir selbst vertraue, bedeutet das, dass ich auf meine Fähigkeiten vertraue und eine gewisse positive Selbstwirksamkeitserwartung habe. Doch für das Entstehen eines stabilen Selbstwertgefühls braucht es noch eine andere wichtige Zutat: Selbstakzeptanz, d.h. die Fähigkeit, anzuerkennen, wer man ist. Aufgrund meines ungewöhnlichen Körpers – ich bin ohne Arme und Beine auf die Welt gekommen – durfte ich diesbezüglich besonders wichtige Erfahrungen sammeln.

In meiner Kindheit hatte ich ein sehr tragendes Selbstwertgefühl. Natürlich wusste ich auf der kognitiven Ebene, dass ich keine Arme und Beine habe. Doch emotional spielte das keine Rolle für mich, weil ich es als völlig normal empfand. Wenn man mich auf meine Behinderung ansprach, antwortete ich: »Wieso habe ich eine Behinderung? Ich habe doch nur keine Arme und Beine!« So wie manche Leute Sommersprossen haben und andere eben nicht. Natürlich wurde ich manchmal komisch angeschaut oder es tauchten blöde Kommentare auf. Doch mein kindliches Selbstverständnis wurde dadurch nie wirklich in Mitleidenschaft gezogen.

Sicherlich hat der Umgang meiner Eltern mit meiner Behinderung wertvoll zu meinem damaligen Selbstverständnis beigetragen. Zeit meines Lebens haben sie versucht, mich nicht mehr als nötig zu beschützen, und sie haben mich immer ermutigt, trotz meiner fehlenden Gliedmaßen meinen eigenen Weg zu gehen. Dafür bin ich ihnen zutiefst dankbar. Nur deshalb hatte ich die Chance, so selbstständig zu werden, wie ich es heute bin.

*Als ich 8 Jahre alt war, kam es zu einem plötzlichen Bruch in meiner Selbstakzep-
tanz. Ich erinnere mich noch genau an den Tag, als ich mich im Spiegel anschaute
und zu meinem großen Erschrecken feststellen musste, dass meine Vorstellung
von mir selbst nicht damit zusammenpasste, wie andere Menschen mich sahen.
Von einem Moment auf den anderen habe ich meinen Körper abgelehnt und bin in
den Kampfmodus übergegangen. Ich wollte nicht behindert sein, nicht behindert
aussehen und auch nicht das Leben eines Behinderten führen. In der Folge rannte
ich einem Selbst-Ideal hinterher, das für mich natürlich nie erreichbar war. Mein
bisheriges Selbstvertrauen diente mir dabei als Schutzschild, um andere Menschen nicht an mich herankommen zu lassen. So war von außen kaum sichtbar,
wie heftig es in mir brodelte.*

*Im Alter von etwa 17 Jahren drehte sich meine Grundstimmung dann wieder in
Richtung Selbstakzeptanz. Zuvor hatte ich ausgiebig versucht, mithilfe von Prothesen »normal« zu werden. Doch meine Bemühungen waren nie von Erfolg ge-
krönt: Trotz der Prothesen fühlte ich mich nicht normal, und glücklich gleich drei
Mal nicht. Zudem brachten mir die Prothesen im Alltag keinerlei Mehrwert, weil ich
mir schon in meiner Kindheit für alles, wofür man Gliedmaßen zu brauchen meint,
eigene Tricks angeeignet hatte. Also begann ich umzudenken. Ich führte intensive
Gespräche mit meinen Eltern, bei denen es natürlich auch um die wichtige Frage
»Warum eigentlich ich?« ging. Meine Mutter bestärkte mich damals darin, mich
auf die Suche nach meiner Lebensaufgabe zu machen. Das hat meine Perspektive stark gewandelt – weg von der Opferhaltung und hin zu der Idee, dass ich der
Herr über meine Gedanken bin und dadurch mein Leben verändern kann. So kam
ich schließlich zu dem Entschluss, meinen Körper so anzunehmen, wie er eben ist.*

*Diese Entscheidung löste eine enorme innere Ruhe in mir aus. Endlich kam das
ewige Gedankenkarussell um Arme und Beine zum Stehen! Gleichzeitig eröffnete
sich in mir ein faszinierender Freiraum für die offene Frage, was ich unter meinen
besonderen Voraussetzungen mit meinem Leben anstellen könnte. Natürlich war
es alles andere als leicht, diesen Freiraum in Besitz zu nehmen! Nach meiner Erfahrung ist das ein lebenslanges Üben. Anfangs habe ich mich ausschließlich auf
Themen konzentriert, bei denen ich mir zu 100 Prozent sicher war, dass sie sich positiv auf meine Selbstwirksamkeit auswirken würden. Mit der Zeit stellte ich dann
fest, dass Selbstvertrauen auch immer etwas mit anderen Menschen zu tun hat.*

Einerseits können sie z. B. durch Mobbing unser Vertrauen in uns selbst zerstören, andererseits kann unser Selbstvertrauen im Kontakt zu anderen Menschen, die es gut mit uns meinen, auch wieder wachsen. Darum ist für mich das Thema der Freundschaft extrem wichtig geworden.

In diesem Sinne verstehe ich die Kilimandscharo-Besteigungen, die ich gemeinsam mit meinen Freunden in Angriff nahm, als würdigen Ausdruck dessen, was echte Freundschaft zu leisten imstande ist. In diesen Extremsituationen habe ich unendlich viel über Vertrauen in mich und andere Menschen gelernt. Ich habe mich zahlreichen Ängsten gestellt und gelernt, mich nicht von ihnen überwältigen zu lassen. Wirklich loslassen und Angst als etwas Neutrales annehmen – das hat viel mit Mut zu tun.

Natürlich muss man sich manchmal auch durch eine schwierige Lebensphase »durchbeißen«. Doch auch das stärkt langfristig das eigene Selbstvertrauen! Ich selbst folge dabei der Prämisse, wonach ich aktiv werde, sobald ich merke, dass die Schwierigkeiten einen krisenhaften Zug bekommen. Dabei ist es zunächst egal, was ich konkret tue – Hauptsache, ich bleibe im Tun und rutsche nicht in die starre Ohnmacht.

Heute weiß ich, dass ich durch meinen besonderen Körper über einen Erfahrungsschatz verfüge, der anderen Menschen zeit ihres Lebens verwehrt bleibt. Ich kann aus tiefstem Herzen sagen, dass ich meinen Körper nicht missen möchte. Denn mein heutiges Selbstwertgefühl und mein Vertrauen in die Welt beruhen auf Erfahrungen, die ich ohne meinen Körper niemals hätte machen können.

UMGANG MIT NIEDERLAGEN UND SCHEITERN

Selbstvertrauen ist auch das Vertrauen in unsere eigene Fähigkeit, Probleme zu meistern. Mir hat einmal jemand gesagt, Selbstvertrauen entstehe dadurch, dass man sich selbst oft genug am eigenen Schopf aus dem Sumpf gezogen hat.

Ich habe oft mit Unternehmern gesprochen, die durch schwierige Zeiten gegangen sind, teilweise sogar in die Insolvenz gehen mussten. Sie alle berichteten mir von dieser Phase als der härtesten ihres Lebens; gleichzeitig habe genau diese Zeit sie aber auch stark gemacht, denn sie erfuhren dadurch, dass das Leben auch nach dem Scheitern noch weiterging. Sie mussten durch ein tiefes Tal, doch auf der anderen Seite gab es einen Ausgang, der ihnen eine neue Perspektive auf das Leben gab: »Ich habe es gemeistert und ich habe daraus gelernt. Ein Scheitern kriegt mich nicht klein.«

Wenn Du also beispielsweise Vater oder Mutter eines Kindes bist, kannst Du ihm mithilfe des Scheiterns eine enorme Hilfestellung für das eigene Leben mitgeben: indem Du ihm den Raum gibst, sich auch einmal selbst aus dem Sumpf zu ziehen. So kann das Kind lernen, mit der Zeit an Problemen und Fehlern zu wachsen und gestärkt aus ihnen hervorzugehen. Natürlich soll es nicht darum gehen, das Kind mit seinen Problemen allein zu lassen, das würde zu Hilflosigkeit und Überforderung führen. Aber wenn das Kind in sicherem Rahmen am Scheitern lernen kann, wenn es mit der Zeit seinen eigenen kleinen »Werkzeugkasten« aufbauen und ihn mit zahlreichen »Bewältigungs-Werkzeugen« ausstatten kann, dann geht es gut ausgerüstet, gestärkt und zuversichtlich in die Zukunft.

Übrigens: Ich halte es im Sinne des Vertrauensaufbaus somit auch für gefährlich, Menschen jede Chance zu nehmen, schwierige Situationen aus eigener Kraft zu meistern. Ich positioniere mich daher auch überzeugt gegen die Abschaffung der Bundesjugendspiele, denn wir sollten Kindern gelegentlich auch Niederlagen zumuten. Es klingt zunächst vielleicht hart, aber für den Aufbau des individuellen Selbstbewusstseins halte ich es für essenziell, Erfahrungen der Niederlagen und des Scheiterns zu machen. Diese Erlebnisse bergen die Chance, zu erkennen, dass wir auch nach einem Scheitern wieder erfolgreich sein können. Wer in Watte gepackt ist, wird dagegen kein belastbares Selbstvertrauen aufbauen können – denn das Leben wird niemals aus Watte sein.

NÄHE ZULASSEN

Wenn ich Vertrauen in mich selbst und in meine Fähigkeiten fassen will, bin ich als Erstes dazu aufgerufen, mich wieder selbst zu spüren, also die Nähe zu mir selbst zuzulassen. Einige Menschen sind aufgrund vergangener – beschämender, verunsichernder, verletzender – Erfahrungen regelrecht versteinert. Das ist ganz natürlich und im wahrsten Sinne des Wortes ur-menschlich. Denn in unangenehmen oder gefährlichen Situationen greifen wir Menschen ganz automatisch auf drei angeborene Überlebensstrategien zurück: Flucht, Kampf oder Erstarrung. Glückt uns die Flucht oder die Verteidigung in der entsprechenden Situation, kehren wir danach üblicherweise wieder in unser gesundes Gleichgewicht zurück. Führen diese beiden Handlungsoptionen jedoch nicht zum Erfolg oder scheiden als Handlungsoptionen gänzlich aus, erstarren wir. Dieser Überlebensmechanismus ist mit dem »Totstellreflex« aus dem Tierreich vergleichbar. Wenn diese »versteinernde« Erfahrung im Nachhinein nicht gänzlich überwunden und verarbeitet werden kann, bewegen wir uns fortan unsicher und verpuppt durch das Leben – die Liste möglicher Ausprägungen und Symptome dieses Seelenzustandes ist lang. Diese Erstarrung kann sich jedoch wieder in ein Gefühl von lockerer, leichter und intuitiver Handlungsfähigkeit verwandeln, wenn wir ihr mit wertfreier, wacher Achtsamkeit in uns selbst begegnen. Wenn wir lernen, unsere Unsicherheiten und Schwächen zu fühlen und zuzulassen, ohne uns dabei zu bewerten oder gar zu schelten, dann kommen wir uns selbst ein großes Stück näher. Die in Kapitel »2.4.2 Wo will ich hin?« beschriebenen Techniken können dabei helfen. Denn etwas, das wir leugnen, verdrängen oder nicht wahrhaben wollen, werden wir niemals wirklich loslassen können.

RITUALE

Wenn wir in die Zukunft schauen, so ist eines gewiss: Es wird immer Herausforderungen geben – auch wenn wir neues Selbstvertrauen aufgebaut haben, uns selbst wieder nahe sind, gesund mit uns selbst kommunizieren und eine Lebensvision klar vor Augen haben. Schließlich hat das Leben manchmal völlig andere Pläne mit uns, als wir sie mit dem Leben haben. Treten unerwartete Ereignisse auf oder wachsen uns die alltäglichen Hindernisse über den Kopf, kann es uns durchaus aus der eigenen Mitte reißen. So stellt sich die Frage, wie wir unser neu gewonnenes Vertrauen schützen können.

Für mich liegt die Antwort in den Ritualen. Sie geben uns eine gewisse Stabilität – auch dann, wenn mal ein Sturm durchs eigene Leben tobt und es nicht ganz so rund läuft. Rituale helfen uns, Kurs zu halten. Sei es das regelmäßige Sporttreiben, die morgendliche Meditation, das Wheel of Life, die täglichen Affirmationen, das abendliche Tagebuchschreiben oder das regelmäßige Eisbaden (wie in meinem Fall): Wenn ich mich mithilfe von Ritualen um mich selbst kümmere, so hilft es mir enorm dabei, mein Selbstvertrauen zu stärken. Egal, was im Leben gerade los ist, das liebevolle Für-sich-Sorgen bringt jedes Mal die Botschaft ins eigene Vertrauenssystem: Du kannst Dich auf Dich selbst verlassen. Es wird Dir immer gut gehen.

VERTRAUEN IN DEN EIGENEN KÖRPER

Bis zu einem gewissen Alter hat unser Körper eine enorme Toleranz mit unserem Verhalten. Nehmen wir ein plastisches Beispiel: Als Teenager feierte man ein komplettes Wochenende durch – Freitag, Samstag, Sonntag – und ging dann Montag morgens in die Schule. Vielleicht nicht ganz taufrisch, aber davon abgesehen kam unser Körper mit dieser »Missetat« ziemlich gut zurecht.

Bei mir veränderte sich die Toleranzgrenze meines Körpers, als ich langsam auf die Vierziger zuging: auf einmal konnte ich bestimmte Dinge nicht mehr so gut wegstecken. In diesem Alter verändert sich der Körper stark. In meinem Fall fiel diese Lebensphase zusätzlich mit einer anstrengenden Zeit im Unternehmen zusammen: Ich musste sehr viele Stunden arbeiten, war viel auf Reisen, kämpfte mit Jetlag. Ende der 90er-Jahre begannen wir mit dem Marktaufbau in China, und so war ich relativ häufig in Ländern mit sechs, sieben und teilweise acht Stunden Zeitverschiebung unterwegs. Ich spürte dabei, dass ich sehr viel Willenskraft brauchte, um unter diesen Umständen sinnvoll agieren und vorankommen zu können. Mein Körper wurde mir mehr und mehr zur Ablenkung, zum Hemmnis und ich fragte mich ernsthaft, ob ich meinem Körper eigentlich noch vertrauen konnte. Ich fragte mich, ob ich ihm zutrauen konnte, mich unbeschadet durch diese wilde Zeit zu führen.

Um die Jahrtausendwende hörte ich einen Vortrag von Dr. Ulrich Strunz in Köln. In dem riesigen Plenum waren damals viele prominente Redner. Bodo Schäfer war dabei, Vera F. Birkenbihl lebte noch und lieferte dort einen glorreichen Auftritt ab – und Dr. Ulrich Strunz hielt ein flammendes Plädoyer zu den Themen

Bewegung, Ernährung und Blutanalyse. Joggen zu gehen, das war damals kein Thema für mich. Und trotzdem, indem ich Dr. Ulrich Strunz auf der Bühne erlebte, wurde etwas in mir wach. Er sprach davon, wie lockeres Laufen neue Glücksgefühle ins eigene Leben bringen könne, und ich begann tatsächlich zu laufen. Und bis heute bin ich dabeigeblieben. Das ist eben auch ein Aspekt der Selbstfürsorge: Wenn ich meinem Körper vertrauen will, muss ich mich gut um ihn kümmern.

Ich habe später noch viel von Dr. Ulrich Strunz lernen dürfen. Ich fuhr gemeinsam mit meiner Mutter mehrfach nach Nürnberg, als er seine Praxis dort noch führte. Wir ließen dort einmal im Jahr einen Bluttest machen und uns hinsichtlich unserer Gesundheit und Fitness beraten. Auch meine Mutter ist inzwischen ein sehr großer Fan von Dr. Strunz. Für mich war diese Zeit ein Wendepunkt in meinem Leben, denn ich realisierte, was es bedeutet, in einem leistungsfähigen Körper zu wohnen. Einen Körper, auf den ich mich jederzeit verlassen kann – auch dann, wenn es mal stressig wird.

Von meiner Erfahrung mir Dr. Ulrich Strunz und meinen eigenen Erlebnissen inspiriert, belas ich mich anschließend weiter im medizinischen Bereich; ich tauchte tief in die Altersforschung ein, um schließlich bei Dr. János Winkler in Lüneburg zu landen. Er hatte die »Fit for Fun«-Seminare von Dr. Strunz übernommen und so wurde ich auf ihn aufmerksam. Bis zum heutigen Tag sind wir eng befreundet. Meine Familie und insbesondere mein Vater verdanken ihm unheimlich viel. Er hatte während der Pandemie einen schweren Fahrradunfall mit Beinbruch und ohne Dr. Winklers Hilfe wäre daraus vermutlich viel Schlimmeres geworden. Heute kann mein Vater seinen Beinen wieder vertrauen. Und so pilgern wir alle sechs Monate gemeinsam nach Lüneburg, um eines sicherzustellen: In jedem Alter einen leistungsfähigen Körper zu haben, dem wir vertrauen können.

Natürlich gibt es nicht den einen, goldenen Königsweg für den Erhalt eines gesunden Körpers. Es geht darum, sich selbst nah genug zu sein, um zu spüren, was der Erhalt und die Förderung der eigenen Gesundheit verlangen. Es geht darum, sich selbst ernst genug zu nehmen, um regelmäßige Beratungen und Checks wahrzunehmen. Es geht darum, selbst dafür zu sorgen, dass wir der eigenen Vision kraftvoll folgen können – befähigt und ermächtigt durch uns selbst.

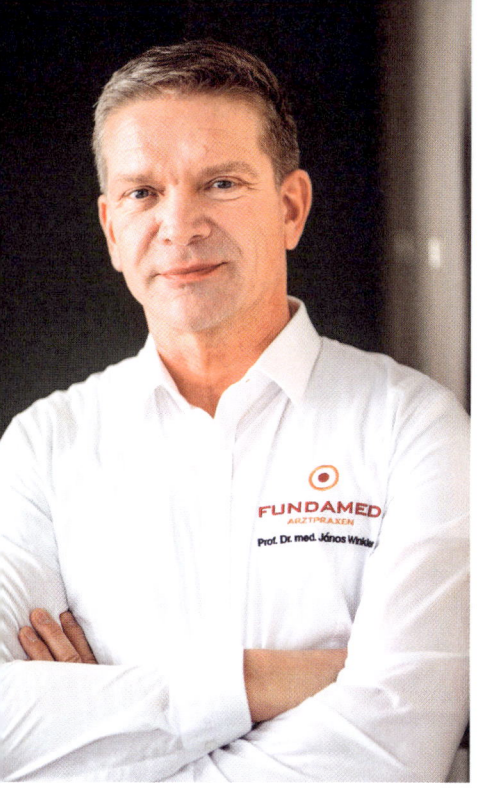

IMPULS VON PROF. DR. MED. JÁNOS WINKLER

Arzt, Speaker, Professor

Ärgerlich, oder? Da wirft Sie ein banaler Schnupfen wochenlang aus der Bahn! Die verspannte Wade beginnt ausgerechnet am Tag des City-Marathons zu zwicken. Der Migräne-Anfall kommt unerwartet beim ersten gemeinsamen Abendessen, ... Lustlosigkeit ... ein Hexenschuss ... das Gefühl, nur noch schlafen zu wollen. Völlig egal, ob Mann oder Frau, ob jung oder alt: Plötzliche Beeinträchtigungen unserer körperlichen oder seelischen Gesundheit ohne erkennbare Ursachen irritieren Menschen zutiefst. Man läuft nicht mehr aufrecht und voller Kraft durch den Alltag, sondern unsicher, wie auf rohen Eiern. Wie soll man so Vertrauen in die Zukunft haben, in sich, in andere Menschen, in die Familie, die Gesellschaft? Wie soll man sich so um das Heute kümmern, damit das Morgen Spaß macht?

Im medizinischen Sinne beginnt (Selbst-)Vertrauen damit, dass man sich auf seinen Körper verlassen kann. Ein Mensch sollte das starke Gefühl haben, dass sein Körper ihn sicher und kraftvoll durch den Alltag führt. Stets in der Lage, zum richtigen Zeitpunkt das Richtige zu tun. Schauen wir eine Ebene tiefer in uns hinein, finden wir dort die Metapher des »inneren Arztes« – trainiert in Hunderttausenden von Jahren unserer Spezies. Wissend, wie man unter allen Umständen das Überleben sichern kann! Mit anderen Worten: Wir tun gut daran, pfleglich mit diesem »inneren Arzt« umzugehen, z. B. indem wir ihm alles geben, was er in seinem Medizinköfferchen braucht. Dann lebt es sich nicht nur gesünder, sondern auch entspannter! Der innere Arzt weiß schon, was zu tun ist!

Nun werden Sie sagen: »Klingt nett, aber wie sorge ich dafür, dass es meinem inneren Arzt gut geht?« Das Gemeine ist nämlich leider, dass dieser Arzt nie direkt zu uns spricht. Der meldet sich nicht, wenn es ihm schlecht geht. Erst bei Defiziten von 80 %, dann spüren wir etwas. Und das ist ziemlich kurz vor »leer« oder »völlig fertig« oder »ich kann nicht mehr«.

Außerdem sind unsere inneren Signale verschiedensten Filtern unterworfen, z. B. kulturellen Einflüssen. Als Schmerztherapeut erlebte ich, dass man in verschiedenen Kulturen unterschiedlich mit Schmerzen umgeht. Ein Chinese lässt sich stumpfe Akupunkturnadeln in den Körper bohren, ohne mit der Wimper zu zucken. Wenn andererseits in einer Familie ein Kind nur Aufmerksamkeit und Liebe bekommen hat, wenn es irgendwo wehtat, wird dieses Kind als Erwachsener einen vermeintlichen Schmerz benutzen, um Liebe zu bekommen. Das nennt man dann sekundären Krankheitsgewinn. Partner, Eltern oder Rentenkasse müssen dann leiden.

Wie könnte man nun diese wertvollen Signale des inneren Arztes doch schon hören, auch wenn die Alarmsirene noch schweigt? Das ist im Prinzip ganz einfach. Es gibt ihn: den einen, den besonderen Weg. Dieser Weg ist eigentlich das Grundlagenwissen eines jeden Medizinstudenten. Aber später im Alltag unseres Gesundheitssystems hat ihn eine Dornenhecke einfach überwuchert. Besonders spitze Dornen sind dabei die Budgets und Leitlinien und Verordnungen.

Faszinierend an diesem besonderen Weg ist, wie einleuchtend, logisch und wissenschaftlich er daherkommt: »Wer wissen will, muss messen! – Dann wird gehandelt!« Ich bitte meine Patienten also einfach um etwas Blut, Stuhl, Speichel und Urin. Dann messe ich. Kein Hokuspokus, sondern ganz objektive, anerkannte Methoden! Anhand dieser Messwerte kann ich dann mit ziemlicher Sicherheit sagen, was den inneren Arzt eines Patienten gerade beschäftigt – ob sein Medizinkofferchen prall gefüllt ist oder nicht.

Anschließend überlegen der Patient und ich gemeinsam, welche äußere Unterstützung nötig ist, um dem inneren Arzt bestmögliche Arbeitsbedingungen zu verschaffen. Stimmt die Ernährung? Trinkt der Patient genug? Sind Nahrungsergänzungsmittel nötig? Gibt es ein Organ- oder ein Hormonproblem?

Bringen wir die entscheidenden Moleküle des Menschen in Balance, programmieren wir den Körper auf Erfolg. Der innere Arzt kann dann ja richtig loslegen! Ein tolles Gefühl, zu wissen, dass alle Tanks gefüllt sind. Kein Mangel, sondern Fülle bis zum Anschlag! Wir kriegen nun alle PS direkt auf die Straße. Fühlt sich gut an. Das ist ein bisschen so wie das Gefühl, als könnte man Bäume ausreißen. Circa 16.000-mal von mir mit realen Menschen getestet. Und was hat das bei denen mit dem (Selbst-)Vertrauen gemacht? Ein strahlendes Lächeln und die Versicherung: die nächste Welle kann gerne kommen. Ich bin gewappnet. Die nächste Herausforderung, die nächste Krise, die nächste Pandemie. All das verliert seinen Schrecken: der Einzug der Schwiegermutter, der liebestolle Partner, der Besuch vom Steuerfahnder. Alles Zitate aus der Praxis.

Fazit: Wir strahlen immer von innen nach außen. Machen Sie zuerst Ihre Hausaufgaben. Versorgen Sie Ihren Körper mit allem, was er braucht, und er wird Sie nicht im Stich lassen!

Wissen – messen – handeln – in der Reihenfolge und Sie werden vertrauen! Wieder vertrauen!

Ahnen Sie, was das für Sie und ihre Umgebung bedeuten kann?

KAPITEL 3

I HAVE A DREAM

Kannst Du es auch kaum erwarten, dass die Zukunft beginnt? Vertraust Du darauf, dass die Menschheit gerade erst beginnt, sich selbst zu entdecken – und nicht dabei ist, in heillosem Chaos zu versinken? Stehst Du in den Startlöchern und willst sehen, was die Zukunft an Neuem bringt? Willst Du daran mitwirken, die Welt immer schöner, besser und großartiger zu machen?

Für den Anfang dieses Buches hatte ich ein Zitat von Heinrich von Kleist[1] gewählt. Kleist spricht von der Wichtigkeit der Symbiose aus Vertrauen und Achtung, aus der Liebe entsteht. Wenn ich nun die letzten Zeilen dieses Buches schreibe, denke ich noch einmal an seine Worte zurück.

Achtung ist zentral für eine Vertrauensrevolution: Respekt vor jedem einzelnen Menschen zu haben, und Respekt vor seinem Beitrag in unserer Gesellschaft. Ich glaube, dass jeder Mensch mit einer besonderen Gabe auf diese Welt kommt. Ich glaube, dass niemand überflüssig ist. Ich glaube, dass jeder Mensch anders ist und dass wir genau diese Andersartigkeit in einem Raum voller Vertrauen schätzen und respektieren können. Wollen wir also den Fehler beim jeweils anderen suchen? Oder begegnen wir einander voller Ehrfurcht vor dem Besonderen? Was passiert, wenn wir uns ganz bewusst dafür entscheiden, uns auf die Suche nach dem Besonderen machen? Wir schaffen Inspiration – für uns wie für andere!

Inspiration, das ist der Faktor, der uns in den letzten Jahren vielleicht am meisten abhandengekommen ist. Dieses erhebende Gefühl, diese innere Wärme, dieser göttliche Funke, der uns beseelen kann. Inspiration beginnt dort, wo Kontrolle endet. Wenn wir nicht mehr spüren, dass uns jemand kontrollieren möchte, wenn wir selbst nicht mehr kontrollieren möchten, wenn wir die Angst loslassen, die Kontrolle zu verlieren, dann kann Neues entstehen.

---

[1] »Vertrauen und Achtung, das sind die beiden unzertrennlichen Grundpfeiler der Liebe, ohne welche sie nicht bestehen kann, denn ohne Achtung hat die Liebe keinen Wert und ohne Vertrauen keine Freude«

Kontrolle macht Räume eng. Kontrolle nimmt jedem Funken Inspiration den Sauerstoff, den er braucht, um Flammen zu schlagen. Was wir brauchen, sind große Räume in uns, in denen das Feuer der Menschlichkeit, des Respektes und des Vertrauens entfacht werden kann. Und wir brauchen Gelassenheit in uns, damit sich dieser Funke Bahn brechen kann.

Das Neue, das aus Vertrauen und Achtung entsteigt, das kann unseren Kindern und deren Kindern etwas Besseres, Glückverheißenderes hinterlassen. Es kann die Menschheit wieder in die Position bringen, ihr wahres Potenzial in diese Welt zu tragen – eine Welt der »unendlichen Spiele«. Eine Welt, die für uns die Gewissheit trägt: Es geht voran. Wir entwickeln die Dinge weiter. Ich weiß, dass es für den Moment vielleicht unrealistisch klingt. Aber ich glaube, es ist wichtig, dass wir an dieser Stelle wieder anfangen, große Träume zu träumen.

Aber wie können wir nun auf Basis all dieser Erkenntnisse unsere ganz eigene Vertrauensrevolution beginnen? Um das zu beantworten, möchte ich schildern, welche Träume mich ganz persönlich leiten und welche Wünsche ich daraus für uns alle ableite.

Ich habe den Traum, dass wir in ein Vertrauen untereinander zurückfinden.

Ich habe den Traum, dass wir Menschen gemeinsam unser Schicksal in die Hand nehmen und voller Freude nach einem höheren Ziel streben.

Ich habe den Traum, wieder bei mir selbst anzukommen. Ich habe den Traum, in meiner Mitte zu sein und immer zu wissen, wohin mein Weg führt. Ich habe den Traum, mit festem Vertrauen in die Zukunft meinen Weg zu gehen.

Ich habe den Traum, eine nährende Beziehung zu leben, gemeinsam mit meinen Kindern, mit meiner Familie und mit einer Partnerin. Ich habe den Traum, dass meine Familie fest auf den Grundpfeilern gegenseitigen Respekts, Wertschätzung und Vertrauen steht. Ich habe den Traum, dass wir uns immer aufeinander verlassen können, füreinander einstehen und einander immer Hilfe bieten.

Ich habe den Traum, dass wir gemeinsam alle Krisen überstehen, in dem tiefen Bewusstsein, dass irgendwann die Sonne wieder scheinen wird.

Ich habe den Traum, dass wir als Individuen die Welt verändern – aber auch als Gemeinschaft, auch als Unternehmen. Ich habe den Traum, dass Arbeit uns nicht nur Energie kostet, sondern uns ebenso viel Lebensfreude schenkt. Dass wir als Unternehmen einen Beitrag dazu leisten können, diese Welt zu einem besseren Ort zu machen.

Ich habe den Traum, dass Vertrauen auch die Basis der zwischenstaatlichen Zusammenarbeit bildet. Ich habe den Traum, dass wir als Gesellschaft in Deutschland große Träume haben und selbstbewusst auf diese Träume zusteuern.

Das sind viele Träume, ich weiß.

Aber genau dazu möchte dieses Buch Dich inspirieren: *Dream big and act upon your dreams!* Es ist an der Zeit, den Mut zu finden, uns zu öffnen und uns verletzlich zu zeigen, die Wahrheit zu sprechen und Klartext zu reden. Wir müssen den Mut wiederfinden, uns für das Vertrauen zu öffnen. Wir müssen etwas wagen! Was ist unser Hauptproblem dabei? Das Sich-Nicht-Einlassen-Können.

Es ist daher essenziell, dass jeder Einzelne von uns, aber auch die Regierungen und Parlamente auf der Welt, ihr Handeln nach den drei Ebenen – Nähe, Kommunikation und Vision – ausrichten. In diesem Buch habe ich versucht, Anregungen, Überlegungen und Lösungsvorschläge anzubieten, um Vertrauen zu (re-)aktivieren.

Ich weiß, dass ich nicht der Einzige bin, der diesen Traum in sich trägt. Gerade jetzt, nach den Jahren der Unruhe, der Hektik und der Unsicherheit, fühlen sich viele Menschen zerrissen und verzweifelt; auf der anderen Seite wächst aber auch eine unstillbare Sehnsucht, den Traum leben zu können. Die Sehnsucht nach einer Welt, die anders aussieht als die jetzige: eine Welt, in der Vertrauen herrscht, auf jeder Ebene, von der persönlichen bis zur gesellschaftlichen Ebene hinauf.

Deshalb möchte ich gerne mit einigen Wünschen an uns alle schließen.

Ich wünsche uns allen, dass wir den Mut finden, in unseren Unternehmen auf Nähe, Kommunikation und Vision zu setzen.

Ich wünsche uns, dass wir den Mut finden, uns wieder neu auf (partnerschaftliche) Beziehungen einzulassen. Zu vertrauen, dass nicht jede Auseinandersetzung nur durch Trennung oder Distanz zu lösen ist.

Ich wünsche uns, dass wir es wieder verstehen lernen, richtig zuzuhören und hinzuschauen – und Menschen ganzheitlich zu sehen.

Und ich wünsche mir, dass wir auch uns selbst wieder hinterfragen und reflektieren können, um an der Auseinandersetzung mit unseren Stärken und Schwächen zu wachsen.

Dein

Boris

DANKBARKEIT

An dieser Stelle ist es mir ein Bedürfnis, kurz innezuhalten.

Es fühlt sich an, als hätte ich eine Zeitreise durch mein gesamtes Leben gemacht – und ihr Ergebnis ist dieses Buch, das ich jetzt in meinen Händen halten kann. Diese Reise wäre ohne die Unterstützung und die geduldige Hilfe so vieler Menschen nicht möglich gewesen.

Meine Eltern haben mich auf diese Welt gebracht. Ich zolle ihnen tiefen Respekt und spüre große Dankbarkeit für sie. Ihre Arbeit und Hingabe haben es mir ermöglicht, meinen Weg zu gehen.

Ich danke ebenso allen Menschen, dir mir auf meiner Reise bisher begegnet sind und von denen ich lernen durfte. Wir alle, davon bin ich überzeugt, können Lehrer füreinander sein. Egal, wie lange oder kurz unsere Begegnungen auch sein mögen.

Wenn ich über Dankbarkeit rede, so kommen mir natürlich meine drei wundervollen Kinder in den Sinn. Lea, Julius und Merle, ich danke Euch von Herzen für die Bereicherung, die ihr meinem Leben geschenkt habt. Von Euch habe ich mehr gelernt als von allen schlauen Büchern zusammen.

Die Reise meines Lebens war bislang ein wilder Ritt, eine Achterbahnfahrt, mit allem, was das Leben hergibt und ausmacht. Und wenn es mal tiefdunkel wurde, so gab es da immer eine helfende Hand und ein liebes Wort, welche mich im richtigen Moment wieder in meine Mitte geführt haben.

Möge unsere gemeinsame Reise weiter spannend bleiben und mögen wir uns alle gegenseitig auf unserem Weg unterstützen.

Voller Vertrauen auf eine bessere Zukunft.

LITERATURVERZEICHNIS

Albert, M., Hurrelmann, K., Quenzel, G., Schneekloth, U., Leven, I., Wolfert, S. & Utzmann, H. (2019). *Jugend 2019. Eine Generation meldet sich zu Wort*. Beltz.

Bravata, D. M., Watts S. A., Keefer, A. L., Madhusudhan, D. K., Taylor, K. T., Clark, D. M., Nelson, R. S., Cokley, K. O. & Hagg, H. K. (2020). Prevalence, Predictors, and Treatment of Impostor Syndrome: a Systematic Review. *Journal of General Internal Medicine, 35*(4), 1252-1275.

Brohmann, B. & Martin, D. (2015). *Transformationsstrategien und Models of Change für nachhaltigen gesellschaftlichen Wandel: Tipping Point Konzeptionen im Kontext eines nachhaltigen gesellschaftlichen Wandels*. Umweltbundesamt Texte 67/2015. https://www.umweltbundesamt.de/sites/default/files/medien/378/publikationen/texte_67_2015_tipping_point_konzeptionen_im_kontext_eines_nachhaltigen_gesellschaftlichen_wandels_1.pdf (zuletzt abgerufen am 12.01.2024).

Brown, B. (2012). *Verletzlichkeit macht stark*. (11. Aufl.). Goldmann Verlag.

Bundesarchiv für Stasi-Unterlagen. (o. D. a). Inoffizieller Mitarbeiter. https://www.stasi-unterlagen-archiv.de/mfs-lexikon/detail/inoffizieller-mitarbeiter-im/ (zuletzt abgerufen am 09.01.2024).

Bundesarchiv für Stasi-Unterlagen. (o. D. b). Hauptamtlicher Mitarbeiter. https://www.stasi-unterlagen-archiv.de/mfs-lexikon/detail/hauptamtlicher-mitarbeiter/ (zuletzt abgerufen am 09.01.2024).

Bundeszentrale für politische Bildung. (2023, 29. September). Entwicklung des grenzüberschreitenden Warenhandels. https://www.bpb.de/kurz-knapp/zahlen-und-fakten/globalisierung/52543/entwicklung-des-grenzueberschreitenden-warenhandels/ (zuletzt abgerufen am 09.01.2024).

Buss, D. M. (2018). The Evolution of Love in Humans. In: Sternberg, R. J. & Sternberg, K., *The New Psychology of Love* (S. 42-63). Cambridge University Press.

Covey, S. M. R., Kasperson, D., McKinlee, C. & Judd, G. T. (2022). *Trust and Inspire: How Truly Great Leaders Unleash Greatness in Others*. Simon & Schuster.

DAK (2023a, 08. September). DAK Psychreport 2023: Erneuter Höchststand bei psychisch bedingten Fehltagen im Job. https://www.dak.de/dak/unternehmen/reporte-forschung/psychreport-2023_32618 (zuletzt abgerufen am 10.01.2024).

DAK (2023b, 14. Dezember). Kraft der Affirmationen: Selbstmotivation für jeden Tag. https://www.dak.de/dak/gesundheit/koerper-seele/persoenliche-entwicklung/kraft-der-affirmationen-selbstmotivation-fuer-jeden-tag_13522#/ (zuletzt abgerufen am 10.01.2024).

Dalio, R. (2022). *Weltordnung im Wandel: Vom Aufstieg und Fall von Nationen* (1. Auflage). Finanzbuch Verlag.

Deutsche reagieren auf Krisen mit Rückzug ins Private. (2023, 27. Juli). *ZEIT ONLINE*. https://www.zeit.de/news/2023-07/27/deutsche-reagieren-auf-krisen-mit-rueckzug-ins-private (abgerufen am 09.01.2024).

Deutschlandfunk. (2021, 25. Mai). 60. Jahrestag der berühmten Rede: Kennedys Flucht zum Mond. https://www.deutschlandfunk.de/60-jahrestag-der-beruehmten-rede-kennedys-flucht-zum-mond-100.html#:~:text=der%20berühmten%20Rede-,Kennedys%20Flucht%20zum%20Mond,für%20einen%20Flug%20zum%20Erdtrabanten (zuletzt abgerufen am 10.01.2024).

DFB-Akademie. (o.D.). 3 Fragen an Prof. Dr. Gerald Hüther. Wie uns die Neurobiologie im Fußball weiterbringen kann. https://www.dfb-akademie.de/3-fragen-an-prof-dr-gerald-huether/-/id-11008797 (zuletzt abgerufen am 10.01.2024).

DGPPN. (2023). Basisdaten Psychische Erkrankungen. Stand November 2023. https://www.dgppn.de/_Resources/Persistent/6c85d23473cbf71340bd7bff788ad55851cf3982/20231108_Factsheet_Kennzahlen.pdf (zuletzt abgerufen am 10.01.2024).

Dr. Habich, J. & Remete, P. (2023, 17. August). *Jugendliche in Deutschland blicken optimistischer in die eigene Zukunft als vor einem Jahr.* Bertelsmann-Stiftung. https://www.bertelsmann-stiftung.de/de/themen/aktuelle-meldungen/2023/august/jugendliche-in-deutschland-blicken-optimistischer-in-die-eigene-zukunft-als-vor-einem-jahr#link-tab-236079-13 (zuletzt abgerufen am 09.01.2024).

Ehni, E. (2023, 06. April). Klimawandel als wichtigstes Problem. *Tagesschau*. https://www.tagesschau.de/inland/deutschlandtrend/deutschlandtrend-3339.html (zuletzt abgerufen am 10.01.2024).

Emery, L. F., Gardner, W. L., Finkel, E. J., & Carswell, K. L. (2018). „You've Changed": Low Self-Concept Clarity Predicts Lack of Support for Partner Change. *Personality & social psychology bulletin*, 44(3), 318–331. https://doi.org/10.1177/0146167217739263

Empower Omaha. (o. D.). https://empoweromaha.com/omaha-360/ (zuletzt abgerufen am 10.01.2024).

Entman, R. M. (1993). Framing: Toward Clarification of a Fractured Paradigm. *Journal of Communication*, 43(4), 51-58.

Eurobarometer 99. (2023). https://europa.eu/eurobarometer/surveys/detail/3052 (zuletzt abgerufen am 09.01.2024).

Ex-Landrat und die Flut an der Ahr. Gutachter bei Ermittlungen gegen Pföhler beauftragt. (2023, 07. Juli). *General-Anzeiger*. https://ga.de/region/ahr-und-rhein/bad-neuenahr-ahrweiler/ahrflut-ermittlungen-gegen-juergen-pfoehler-fahrlaessige-toetung_aid-93303815 (zuletzt abgerufen am 10.01.2024).

EY. (2023, 18. August). Wechselbereitschaft auf Rekordniveau: Jeder Vierte sucht nach einem neuen Arbeitgeber. https://www.ey.com/de_de/news/2023/08/ey-jobstudie-karriere-2023#:~:text=Beschäftigte%20in%20Deutschland%20sind%20auf%20dem%20Sprung%2C%20die%20Wechselbereitschaft%20unter,gelegentlich%20nach%20einer%20neuen%20Stelle (zuletzt abgerufen am 10.01.2024).

Gogos, M. (2012). Der Mond im Regentropfen. *Deutschlandfunk Kultur*. https://www.deutschlandfunkkultur.de/der-mond-im-regentropfen-102.html (zuletzt abgerufen am 10.01.2024).

Gottmann, J. M. & Silver, N. (2015). *The Seven Principles for Making Marriage Work: A Practical Guide from the Country's Foremost Relationship Expert*. HarmonyBooks.

Hardin, Russell (1999). Do We Want Trust in Government? In Mark E. Warren (Hrsg.), *Democracy & Trust* (S. 22–41). Cambridge University Press.

Harvard Second Generation Study. (o.D.). https://www.adultdevelopmentstudy.org (zuletzt abgerufen am 10.01.2024).

Heinrich-von-Kleist-Portal (o. D.). Zitate. http://www.heinrich-von-kleist.org/ueber-heinrich-von-kleist/zitate/ (zuletzt abgerufen am 11.01.2024).

Herbe, A.-C. (2018, 21. November). Selbstdarstellungswahn. *Deutsche Welle*. https://www.dw.com/de/medienforscher-appel-narzissmus-und-social-media-in-selbstverstärkender-spirale/a-46365234 (zuletzt abgerufen am 10.01.2024).

Hoffmann, M. (2023, 07. November). Ostalgie 3.0? – Warum die Nachwendegeneration einen besonderen ostdeutschen Zusammenhalt beschwört. *mdr*. https://www.mdr.de/themen/dnadesostens/neues/ostdeutscher-zusammenhalt-nachwende-generation-kollektiv-100.html (zuletzt abgerufen am 10.01.204).

Hüther, G. & Quarch, C. (2016). *Rettet das Spiel!* Hanser Verlag.

ifo-Institut. (2020). *Globalisierung im Wandel: Chancen und Herausforderungen für die bayerische Wirtschaft*. IHK für München und Oberbayern. https://www.ifo.de/DocDL/ifo-Studie_Globalisierung_im_Wandel_IHK_Impulse.pdf

IHME. (o. D.). Global Burden of Disease (GBD). https://www.healthdata.org/research-analysis/gbd (zuletzt abgerufen am 10.01.2024).

Johannsen, R. & Zak, P. (2021). The Neuroscience of Organizational Trust and Business Performance: Findings From United States Working Adults and an Intervention at an Online Retailer. *Frontiers in Psychology*, 11. doi: 10.3389/fpsyg.2020.579459.

Jordan, C. (2023, 28. April). Zwei Rücktritte – und viele offene Fragen. Ausschuss zur Ahrtal-Flut. *Tagesschau*. https://www.tagesschau.de/inland/innenpolitik/ahrtal-flut-bilanz-100.html (zuletzt abgerufen am 10.01.2024).

Kahnemann, D. & Tversky, A. (1979). Prospect Theory: An Analysis of Decision under Risk. *Econometrica*, 47(2), 263-292.

Kaina, Viktoria (2008). Declining Trust in Elites and Why We Should Worry About It – With Empirical Evidence from Germany. *Government and Opposition*, 43(3), 405–423. DOI: 10.1111/j.1477-7053.2008.00260.x.

Keele, Luke John (2007). Social Capital and the Dynamics of Trust in Government. *American Journal of Political Science*, 51(2), 241–254.

Kürschners Politikkontakte. (2023). Anzahl der Mitglieder des 20. Deutschen Bundestages (MdB) nach Berufsgruppen. Zitiert nach: de.statista.com: https://de.statista.com/statistik/daten/studie/454090/umfrage/mitglieder-des-deutschen-bundestages-nach-berufsgruppen/ (Bearbeitungsstand Juni 2023, zuletzt abgerufen am 10.01.2024).

Lobo, S. (2023). Was gegen die große Vertrauenskrise hilft. *Der Spiegel*, 43/2023. https://www.spiegel.de/kultur/polarisierung-der-gesellschaft-die-grosse-vertrauenskrise-a-62b740b4-e843-4840-ae9c-9a7cfca99529 (zuletzt abgerufen am 09.01.2024).

Luther Heute. YouVersion. https://www.bible.com/de/bible/3100/PSA.56.4.LUTHEUTE

Lutherbibel. (2017). ERF Bibleserver. https://www.bibleserver.com/LUT/Hebräer11 %2C1

Maniotes, C. R., Ogolsky, B. G. & Hardesty, J.L. (2020). Destination Marriage? The diagnostic role of rituals in dating relationships. *Journal of Social and Personal Relationships*, 37(12), 3102-3122.

Mengden, A. (2023, 18. Oktober). *International Tax Competitiveness Index 2023*. Tax Foundation. https://taxfoundation.org/research/all/global/2023-international-tax-competitiveness-index/ (zuletzt abgerufen am 09.01.2024).

Muschter, R. (2023, 31. August). Daten und Fakten zu China. Statista. https://de.statista.com/themen/135/china/#topicOverview (zuletzt abgerufen am 09.01.2024).

OECD Directorate for Public Governance. (2021). Building Trust to Reinforce Democracy: Key Findings from the 2021 OECD Survey on Driver of Trust in Public Institutions. https://www.oecd-ilibrary.org/sites/b407f99c-en/1/3/1/index.html?itemId=/content/publication/b407f99c-en&_csp_=c12e05718c887e57d9519eb8c987718b&itemIGO=oecd&itemContentType=book (zuletzt abgerufen am 09.01.2024).

Oneal, J. R. & Russett, B. (1999). The Kantian Peace: The Pacific Benefits of Democracy, Interdependence, and International Organisations. *World Politics. A Quaterly Journal of International Relations*, 52 (1), 1-37.

Osterloh, M., Weibel, A. (2006). *Investition Vertrauen. Prozesse der Vertrauensentwicklung in Organisationen* (1. Aufl.). Gabler.

Petersen, Thomas, Schatz, Roland (2023): *Freiheit: Die Mehrzahl der Deutschen fühlt sich eingeschränkt. Freiheitsindex 2022 – das Forschungsprojekt des Instituts für Demoskopie Allensbach und Media Tenor International.* InnoVatio Verlags AG.

Rauh, Jonathan (2020). Is Trust in Government Really Declining? Evidence Using the Sequential Probability Ratio Test. *Acta Politica*, April 2020. DOI: 10.1057/s41269-020-00163-7.

Rosenberg, M. B. (2012). *Gewaltfreie Kommunikation* (10. Aufl.). Junfermann Verlag.

Rusbult, C. E., Finkel, E. J. & Kumashiro, M. (2009). The Michelangelo Phenomenon. *Current Directions in Psychological Science*, 18(6), 305–309.

Schuh, J. (2021). Schriftliches Naikan im Alltag: Wie geht das? https://insightvoice-naikan.at/download/ebook-naikan-im-alltag.pdf (zuletzt abgerufen am 10.01.2024).

Sinek, S. (2019). *Das unendliche Spiel: Strategien für dauerhaften Erfolg.* Redline Verlag.

Smith, K. M. & Apicella, C. L. (2020). Partner choice in human evolution: The role of cooperation, foraging ability, and culture in Hadza campmate preferences. *Evolution and Human Behavior*, 41(5), 354–366.

Speckmann, T. (2022). Die Wahrscheinlichkeit eines großen Krieges in den nächsten zehn Jahren? Rund 35 Prozent! *Süddeutsche Zeitung*. https://www.sueddeutsche.de/kultur/ray-dalio-weltordnung-1.5638762 (zuletzt abgerufen am 09.01.2024).

Statistisches Bundesamt. (2023a). Ehescheidungen und betroffene minderjährige Kinder. Zitiert nach: de.statista.com: https://de.statista.com/statistik/daten/studie/76211/umfrage/scheidungsquote-von-1960-bis-2008/ (Bearbeitungsstand: 02.01.2024, zuletzt abgerufen am 09.01.2024).

Statistisches Bundesamt. (2023b). Einpersonenhaushalte in Deutschland bis 2022. Zitiert nach: de.statista.com: https://de.statista.com/statistik/daten/studie/156951/umfrage/anzahl-der-einpersonenhaushalte-in-deutschland-seit-1991/#:~:text=Im%20Jahr%202022%20gab%20es,auf%20rund%2024%2C2%20Millionen (Bearbeitungsstand 02.01.2024, zuletzt abgerufen am 09.01.2024).

Statistisches Bundesamt. (2023c). 3,8 % weniger Ehescheidungen im Jahr 2022. Pressemitteilung Nr. 252 vom 28. Juli 2023. https://www.destatis.de/DE/Presse/Pressemitteilungen/2023/06/PD23_252_126.html (zuletzt abgerufen am 10.01.2024).

Sturmflut 1962: Die große Rettungsaktion. (2023, 11. Februar). *NDR*. https://www.ndr.de/geschichte/chronologie/Sturmflut-1962-Hamburg-Die-grosse-Rettungsaktion-unter-Helmut-Schmidt,sturmflut1418.html (zuletzt abgerufen am 10.01.2024).

Thomas, S. (2022). Einsamkeitserfahrungen junger Menschen – nicht nur in Zeiten der Pandemie. *Soziale Passagen*, 14(1), 97–112.

Van de Walle, Steven, Van Roosbroek, Steven, Bouckaert, Geert (2008). Trust in the Public Sector: Is There Any Evidence for a Long-term Decline? *International Review of Administrative Sciences*, 74(1), 47–64. DOI: 10.1177/0020852307085733.

Walther, L., Junker, S., Thom, J., Hölling, H. & Mauz, E. (2023). Hochfrequente Surveillance von Indikatoren psychischer Gesundheit in der erwachsenen Bevölkerung in Deutschland – Entwicklungen von 2022–2023. *Deutsches Ärzteblatt International*, 120, 736-737.

Warren Buffet's Words of Wisdom. (2007, 10. Januar). *Forbes*. https://www.forbes.com/2007/01/10/leadership-managing-money-lead-manage-cx_hc_0110buffett_slide.html?sh=2f0d92e22e0d (zuletzt abgerufen am 10.01.2024).

Watzlawick, P., Beavin, J. H. & Jackson, D. D. (1969). *Menschliche Kommunikation* (2. Aufl.). Huber.

We Shall Fight on the Beaches. (o. D.). Wikipedia. https://de.wikipedia.org/wiki/We_Shall_Fight_on_the_Beaches (Bearbeitungsstand 13. September 2023, zuletzt abgerufen am 10.01.2024).

White, M. A., Thorpe, M. & Ajmera, R. (2023, 11. Mai). 12 Science-Based Benefits of Meditation. *Healthline*. https://www.healthline.com/nutrition/12-benefits-of-meditation (zuletzt abgerufen am 10.01.2024).

Wie überzeugen wir unser Gehirn, Veränderungen positiv zu sehen? Dr. Markus Ramming über die Auswirkungen von Neurobiologie in Veränderungsprozessen. (2022, 22. August). zero360. https://zero360.de/blog/neurobiologie-wie-ueberzeugen-wir-unser-gehirn-veraenderungen-positiv-zu-sehen-zero360/ (zuletzt abgerufen am 10.01.2024).

Windmann, A. & Williams, D. (2023, 12. Juli). So rettete dieser Mann seine Stadt. *Der Spiegel* 28/2023.

Wolf, I., Ebersbach, B. & Huttarsch, J.-H. (2023). *Soziales Nachhaltigkeitsbarometer der Energie- und Verkehrswende 2023*. https://snb.ariadneprojekt.de/start#publikationen (zuletzt abgerufen am 10.01.2024).

zdf heute. (2016, 30. Dezember). *Altkanzler Schmidt: „Terrorismus keine Chance"* [Video]. https://www.zdf.de/nachrichten/heute-sendungen/videos/schmidt-ansprache-in-voller-laenge-100.html (zuletzt abgerufen am 10.01.2024).

PROFILE DER IMPULSGEBER

Alexander Christiani

Von der Presse wird Alexander Christiani als »einer der führenden Köpfe im Marketing und Vertrieb in Deutschland« bezeichnet. Er ist Gründer von Christiani StoryMarketing und zeigt Unternehmen neue Wege in der Business-Kommunikation, um schnell und einfach mehr Kunden zu gewinnen.

Janis McDavid

Von seinen eigenen Erfahrungen im Leben inspiriert, zeigt Janis McDavid anderen Menschen neue Lösungen und Wege auf – selbst, wenn Herausforderungen unüberwindbar oder Probleme unlösbar scheinen. Als Speaker, Berater und Botschafter überzeugt er Unternehmen und Institutionen davon, dass Erfolg auf Einzigartigkeit und Vielfalt basiert.

Prof. Dr. med. János Winkler

Prof. Dr. med. János Winkler ist Facharzt für Physikalische und Rehabilitative Medizin und absolvierte zahlreiche Fort- und Weiterbildungen. Er betrachtet den Menschen ganzheitlich, im Zusammenklang von Körper, Geist und Seele. In seiner Praxis bietet er Patienten im Rahmen seiner ganzheitlichen Philosophie und auf Basis seines breiten Wissens eine evidenzbasierte und individuelle Behandlung.

Kerstin Scherer

Kerstin Scherer ist Brückenbauerin: Sie verknüpft ihr unternehmerisches Wissen mit spiritueller Arbeit. So ebnet sie ihren Kunden einen Pfad von der unternehmerischen in die spirituelle Welt und vermittelt tiefgreifende Ansätze, um Lebenskonflikte zu lösen, Erfolge zu erzielen und das eigene Glück zu finden. Mit ihrem Podcast »Kerstin Scherer Podcast« und ihrer Fernsehsendung »Scherer Daily« erreicht sie täglich zahlreiche Menschen.

Martin Limbeck

Martin Limbeck ist Gründer und Geschäftsführer der Limbeck Group, die Unternehmen als Partner für den professionellen Vertrieb dabei begleitet, fit für die Zukunft zu werden. Darüber hinaus hat er weitere erfolgreiche Unternehmen aufgebaut, die sich den Bereichen Marketing und Vertrieb verschreiben.

Matthias Beck

Matthias Beck ist Geschäftsführer einer Musikinstru-
menten-Meisterwerkstatt und Profimusiker. Wichtig
für ihn ist die ehrliche und ausführliche Beratung seiner
Kunden, damit echtes Vertrauen entstehen kann. Dazu
hat er ein umfassendes Angebot entwickelt, das seine
Arbeit anhand von einer »gläsernen Meisterwerkstatt«,
Begleitvideos und praktischen Terminerinnerungen
nahbar macht.

Nathalie Sameli

Mit ihren Unternehmen »THE SAME Productions &
Films« und »THE SAME Adventures GmbH« bietet Nathalie Sameli spannende Gruppen- und Team-Events
mit kriminell guter Unterhaltung: Ihre Kunden werden
zu Detektiven und Kommissaren und müssen auch die
mysteriösesten aller Fälle knacken.

Rayk Hahne

Rayk Hahne verbindet seine Erfahrungen als Ex-Profisportler mit seinem Wissen als Unternehmensberater,
um Menschen dabei zu unterstützen, ein profitables
Unternehmen zu führen und trotzdem Zeit für das eigene Privatleben zu haben. Seine Expertise teilt er auch in
seinem Podcast »Unternehmerwissen in 15 Minuten«, in
seinem Buch sowie in Coachings und Workshops.

Susanne Ernst

Susanne Ernst begleitet Menschen auf ihrem individu-ellen Lebensweg, unterstützt sie sowohl in Seminaren als auch in Einzelbegleitungen. Mit ihrer humorvollen und kraftvollen Art hilft sie Menschen dabei, Probleme als Herausforderungen und Chancen zu begreifen und nicht aufzugeben.

Sven Jánszky

Sven Jánszky ist Zukunftsforscher und Chairman des größten deutschsprachigen Zukunftsforschungsins-tituts Future.me. Mit seinen Strategieempfehlungen, wissenschaftlichen Zukunftsstudien und Prognosen prägt er die Strategien zahlreicher Konzerne. Darüber hinaus begleitet er Menschen mit seinen Vorträgen und Büchern sowie als Coach bei der Entdeckung ihres bestmöglichen Zukunfts-ICH.

ÜBER DEN AUTOR

Boris Thomas ist Autor, Geschäftsführer, Redner und Lebensmentor. Mit seiner unstillbaren Neugierde, dem Streben nach Antworten und (innerem) Wachstum ist er eine Inspirationsquelle für Menschen, voller Vertrauen zu wachsen und den eigenen Weg zu gehen.

Boris Thomas ist 1964 im Zeichen des Drachen im niedersächsischen Bremervörde geboren. Dort gründete sein Großvater 1935 eine Tischlerei, die 1957 den ersten Lattenrost der Welt baute. Unter dem Namen »Lattoflex« wurde aus der Idee, Menschen schmerzfreie Nächte zu bescheren, ein Marktstandard. Dieses Unternehmen führt Boris Thomas seit über 30 Jahren.

Seine Erfahrung als Führungskraft fließt in seine zahlreichen Vorträge und Veröffentlichungen ein. In seiner Bereitschaft immer einen neuen, besseren Weg zu finden, setzt Boris Thomas Standards, nicht nur in seiner Branche.

Weitere Bücher von Boris Thomas sind »Fang nie an aufzuhören« (2019) und »Teile die Wolken und finde den Weg« (2021).

DAS ARBEITSBUCH »TRUST«!

Du willst Deiner Vertrauensrevolution den Raum geben, den sie verdient?

Hier kannst du Dir Dein
Arbeitsbuch herunterladen:
https://www.boristhomas.info/TrustArbeitsbuch/

Vorträge für den Unternehmenserfolg:
»INSPIRATION IN ZEITEN DES UMBRUCHS«

TRUST – Der Vortrag zum aktuellen Buch
Unsere Gegenwart fühlt sich unberechenbarer an als jemals zuvor. Aber deshalb aufhören, etwas zu bewegen? Nein: Ich will meinen Teil zu dem beitragen, was wir als Menschen gemeinsam möglich machen können – gerade in den Unternehmen! Denn oft erstarren Unternehmen in der Krise und wagen es nicht, den nächsten mutigen Schritt zu gehen.

Ich spreche nicht von Dingen, von denen ich keine Ahnung habe. Und ich bin kein altkluger Redner von der sicheren Seitenlinie aus. Ich rede über meine persönlichen Erfahrungen, über die Krisen und Umbrüche in meinem Leben als Unternehmer. Und darüber, was ich daraus und damit gemacht habe.

Meine Vorträge basieren auf der Praxis des Lebens. Mein Ziel ist es, Mitarbeitern und Führungskräften wieder Vertrauen und Mut zu schenken. Denn wir haben die Chance, den Sturm sicher zu durchschreiten – um noch stärker und vertrauensvoller aus ihm hervorzugehen!

Ideal auch für Ihre nächste Tagung –
ob extern oder intern!

Boris Thomas als Redner anfragen:
info@boristhomas.de

Glaubst Du mir, dass Du in den nächsten 12 Monaten mehr erreichen kannst als in den letzten 12 Jahren? Excalibur zeigt Dir den Weg!

Jahres-mentoring

QUANTUM GROWTH EXCALIBUR

Entfessle Dein volles Potenzial und nimm Dein Leben selbst in die Hand! Das unverwechselbare Jahresmentoring mit Boris Thomas – echt und persönlich.

Was Du dabei von mir erwarten kannst:

• Jeden Monat eine persönliche Beratungssitzung 1:1

• Einen maßgeschneiderten Masterplan für Dein Leben

• Realistische Ziele, die wir gemeinsam setzen und erreichen

• Das Erkennen und Lösen von Blockaden

• Echte Veränderungen auf allen Ebenen: Körper, Geist und Seele

• Einen sicheren Raum für Dein Wachstum zum Erfolg

Quantum Growth Excalibur ist für alle Menschen gemacht, die mehr wollen vom Leben!

Du musst nicht perfekt sein. Aber Du musst bereit sein, weiter zu gehen als viele andere es sich trauen. Dann ist dieses Programm wie gemacht für Dich.

Was immer Dir im Weg steht, wir finden es gemeinsam heraus und erarbeiten Lösungen.

Vielleicht brauchst Du...

• die richtigen Worte für Deinen Auftritt?

• die richtigen Strategien im Verkauf Deiner Produkte?

• die Werkzeuge, um Deine Seele von allen inneren Lasten und
  Blockaden befreien zu können?

Werde zu dem Menschen, der Du immer sein wolltest. Zu dem Menschen, der längst in Dir angelegt ist.

Ist das nicht auch Dein Traum? Erfüllt und erfolgreich zugleich zu sein? Innere und äußere Freiheit zu genießen?

Mein Ziel ist es, Dich aufzuwecken und Dir all die Mittel an die Hand zu geben, die Dich »wie von selbst« zu diesem Zustand führen.

Nimm Dein Leben wieder selbst in die Hand. Dein Wunder beginnt JETZT.

Alle Informationen zu »Quantum Growth Excalibur« erhältst du unter
info@boristhomas.de

PS: Leider sind die Kapazitäten für dieses intensive Programm begrenzt. Deshalb bitte ich um Verständnis, dass es in jedem Jahr nur sehr limitierte Plätze für dieses Mentoring gibt.

Eine Reise zu persönlichem Wachstum und Erfolg:
QUANTUM GROWTH MASTERY
Das Live-Seminar mit Boris Thomas

Live-
Seminar

Dich beschäftigt, wer Du wirklich bist. Wo Du stehst, wohin Du willst. Deshalb passt genau Du in mein Seminar.

Was Du dort zu Recht erwarten kannst:

1. Intensive Tage und Nächte für Deinen Durchbruch zur nächsten Ebene Deines Lebens!

2. Keine distanzierten Videocalls: Wir krempeln zusammen die Ärmel hoch, live und in Farbe!

3. Über 30 Jahre meiner Erfahrung aufgearbeitet für Dich und bereit für Deine Umsetzung!

4. Klares Verständnis davon, was Dir und Deinem Erfolg noch im Weg steht – diese Blockaden lösen wir!

Dieses Seminar geht in die Tiefe, unter die Haut und setzt auf radikale Veränderung. Bist Du mutig genug für (D)einen echten Quantensprung? Endlich raus aus dem Hamsterrad – und bereit für das Leben Deiner Träume?

Wichtig: Dieses Seminar kann nur auf Einladung besucht werden. Denn intensives Arbeiten in kleiner Gruppe ist der Schlüssel zu echter Veränderung!

Klingt das nach einem Angebot? Dann schreibe mir eine Mail an **info@boristhomas.de** und erhalte Deine Einladung für das nächste verfügbare Seminar!

LASS DIR AUCH DIE ANDEREN BEIDEN BESTSELLER VON BORIS NICHT ENTGEHEN!

Fang nie an aufzuhören

»Fang nie an aufzuhören« ist ein Augenöffner für Macher. Ein Mindset in Buchform. Es ist ein Buch für alle Menschen, die unter schwierigsten Bedingungen weitreichende Entscheidungen treffen und dabei eine ruhige Hand bewahren wollen, ohne Angst vor dem Scheitern.

Teile die Wolken und finde den Weg

Wie gelangt man zu guten und sicheren Entscheidungen in unsicheren und hektischen Zeiten? Boris Thomas zweiter Bestseller zeigt in fünf Schritten, wie wir innere und äußere Klarheit erlangen – und am Ende wirklich dort ankommen, wo wir hinwollen.

Der Ort, wo 1957 alles begann:
WERKSBESICHTIGUNGEN BEI LATTOFLEX: JETZT WIEDER BUCHBAR!

Tauche ein in die faszinierende Welt des erholsamen Schlafs und besuche unsere Produktionsstätte in Bremervörde – dem Geburtsort des weltweit ersten Lattenrosts im Jahr 1957.

Erlebe jetzt hautnah, wie unsere hoch qualifizierten Mitarbeiter Meisterwerke gegen Rückenschmerzen und für fabelhaften Schlaf schaffen. Während unserer Produktionsbesichtigung enthüllen wir die Geheimnisse hinter der Herstellung unserer innovativen Bettsysteme, die nicht nur den Schlafkomfort, sondern auch die Gesundheit fördern.

Dein Schlaf ist unser Herzensanliegen. Wir laden Dich ein, Teil dieser einzigartigen Erfahrung zu werden. Besuche uns in Bremervörde und überzeuge Dich selbst von der Qualität und dem Komfort unserer Produkte.

Ab einer Gruppengröße von 10 und mehr Personen organisieren wir gerne Deine individuelle Erlebnistour in die Welt des gesunden Schlafens.

Bist du bereit für dieses faszinierende Erlebnis?
Dann schreib uns gerne eine Mail an:
info@lattoflex.com

Wir freuen uns auf Dich!

**WERDE AUCH
DU TEIL DER
VERTRAUENSREVOLUTION!**

BORIS THOMAS